Василий Кулаков

Сохранение и использование ценного генофонда лесных пород в Сибири

AF141893

Василий Кулаков

Сохранение и использование ценного генофонда лесных пород в Сибири

LAP LAMBERT Academic Publishing

Impressum / **Выходные данные**

Bibliografische Information der Deutschen Nationalbibliothek: Die Deutsche Nationalbibliothek verzeichnet diese Publikation in der Deutschen Nationalbibliografie; detaillierte bibliografische Daten sind im Internet über http://dnb.d-nb.de abrufbar.

Библиографическая информация, изданная Немецкой Национальной Библиотекой. Немецкая Национальная Библиотека включает данную публикацию в Немецкий Книжный Каталог; с подробными библиографическими данными можно ознакомиться в Интернете по адресу http://dnb.d-nb.de.

Coverbild / Изображение на обложке предоставлено: www.ingimage.com

Verlag / Издатель:
LAP LAMBERT Academic Publishing
ist ein Imprint der / является торговой маркой
OmniScriptum GmbH & Co. KG
Heinrich-Böcking-Str. 6-8, 66121 Saarbrücken, Deutschland / Германия
Email / электронная почта: info@lap-publishing.com

Herstellung: siehe letzte Seite /
Напечатано: см. последнюю страницу
ISBN: 978-3-659-66005-4

Оглавление

Введение

В процессе жизнедеятельности человечества на современном этапе интенсивно вырубаются или погибают от техногенных воздействий огромные лесные массивы. «На планете ежегодно исчезают около 17 млн. гектаров леса, ежегодно в мире уничтожается 36 тысяч видов диких растений. Замещение леса в мире держится на уровне 3-5 миллионов гектаров в год. В России в год вырубается около 1,2 миллиона гектаров леса. По данным Генпрокуратуры, еще 800 тысяч гектаров уничтожается нелегально. Замещение леса в России держится на уровне 200 тысяч гектаров в год». (Источник: РИА Новости, Global map of deforestation based on Landsat data). В связи с этим сырьевая база отбора лучших деревьев с каждым годом снижается, девственные лесные массивы (популяции) стираются с лица Земли.

На современном этапе лес следует рассматривать не только, как потребительский продукт для различных нужд человека, а в первую очередь как экологическое явление (легкие планеты), жизненно необходимое для сохранения среды обитания человека.

Сохранение ценного генофонда лесных пород заключается в отборе и размножении лучших деревьев и насаждений, сформировавшихся в процессе эволюции через многие поколения.

Лесная селекция такая же древняя, как и рубка леса. С давних пор в рубку отбирались самые лучшие по росту и качеству ствола деревья, т.е. из насаждения удалялись лучшие генотипы, адаптированные к конкретным лесорастительным условиям. В натуре оставались деревья более низкого качества и, как следствие, последующее потомство имело более низкий, обедненный генетический потенциал. То есть осуществлялась так называемая «отрицательная селекция», оказывающая отрицательное влияние на воспроизводство лесов. В некоторой мере это наблюдается и до сих пор (10,30).

Что касается положительной селекции, то ее начало относят у нас к середине XVIII века, когда русский ботаник А.Т. Болотов рекомендовал для лесовосстановления использовать семена от лучших деревьев и насаждений.

В настоящее время лесная селекция развивается, как и у всех растений, в двух направлениях. Путем последовательного отбора и размножения лучших деревьев и насаждений (популяций), т.е. используется все лучшее, что сформировано природой в процессе эволюции, так называемая «аналитическая селекция».

Второе направление - «синтетическая селекция» - основано на получении новых форм путем гибридизации и методов биотехнологии: мутагенеза, полиплоидии, генетической инженерии и пр. Это направление у нас пока на уровне экспериментов, и в производственном масштабе практически не используется (9,10,30).

При использовании природного ценного генофонда широкое распространение получила «плюсовая селекция». Ученые Дании, а затем Швеции в начале 50-х годов прошлого века предложили подразделять насаждения и деревья, исходя из их фенотипов, на селекционные категории: плюсовые, лучшие, нормальные, минусовые. В большинстве стран идея о значительном повышении продуктивности лесов за счет использования потомства плюсовых деревьев стала доминирующей. Однако под одинаковой внешностью фенотипов могут скрываться различные генотипы, и отбор без генетического анализа может дать отрицательный эффект. Как следствие, появились разногласия: от отрицания положительного эффекта плюсовой селекции до существенного увеличения объемов потомства плюсовых экземпляров. (9,10,30). Различные выводы могут быть получены по ряду причин. Биологическая спелость большинства хвойных пород достигается обычно в 100 и более лет. Чтобы обеспечить наблюдения за состоянием потомства, требуется несколько поколений исследователей. Испытания следует проводить в одних и тех же лесорастительных условия, в которых отобраны материнские (плюсовые) деревья – такое требование на практике выполнить весьма сложно. Усложняют получение идентичных результатов различные методические подходы к оценке состояния потомства. Выводы во многом зависят еще от выбранного объекта исследований.

Анализ научного и практического опыта использования плюсовой селекции в лесном хозяйстве на протяжении около 40 лет, подтверждает положительный селекционный эффект у отобранных объектов до 10-15% (30,32). Именно на основе плюсовой селекции следует развивать новое направление на экологическую значимость лесных пород.

В данной работе излагаются исследования по лесной селекции, выполненные автором в основном в Сибирской (ранее - Новосибирской) лесной селекционной лаборатории (г. Новосибирск) Научно-исследовательского института лесной генетики и селекции (НИИЛГиС, ранее - ЦНИИЛГИС, г. Воронеж) в период с 1973 по 2006 годы.

1 Селекционная инвентаризация хвойных пород в Сибири.

1.1 Основные этапы развития лесной селекции в Сибири.

Селекционная инвентаризация хвойных пород в Сибири развивалась неравномерно. В.В. Тараканов на конец 2000 г. выделяет три этапа развития лесной селекции в Сибири: первый - 1955 – 72гг., второй - 1973-1990 гг., третий – 1991- 2000 гг. (32) Первый этап он связывает с созданием в Сибири научных учреждений, касающихся профиля лесной селекции.

1955г. – создание в Биологическом институте ЗСФ АН СССР лаборатории лесного семеноводства (г. Новосибирск). 1957-1958 гг. – перебазирование из Москвы в Красноярск Института леса и древесины им. В.Н. Сукачева, в котором была сохранена лаборатория по генетике и селекции под руководством Л.Ф. Правдина.

1972г. - создание в системе Госкомитета по лесному хозяйству Центрального НИИ лесной генетики и селекции (ЦННИЛГиС) в г. Воронеже.

Второй этап (1973-1990 гг.) является основополагающим событием в развитии лесной селекции в Сибири.

Постановлением Государственного комитета Совета Министров СССР по науке и технике № 366 от 24 августа 1970 г. предусматривалось «Создание Всесоюзного научно-производственного объединения лесной селекции древесных пород» (ВНПО) «Союзлесселекция», возглавил ВНПО Центральный научно-исследовательский институт лесной генетики и селекции (ЦНИИЛГиС) (Приказ Председателя Государственного комитета лесного хозяйства Совета Министров СССР №288 от 23 ноября 1970 г.).

Основные направления научной и производственной деятельности ВНПО «Союзлесселекция» были следующие:

- изучение и отбор ценных форм местных древесных и кустарниковых пород, а также обеспечение интродукции и акклиматизации высокопродуктивных видов и форм древесных пород;

-выявление новых высокопродуктивных сортов и форм и проведение их испытания;

- разработка более совершенных методов и практических указаний по отбору отдельных деревьев и насаждений для организации элитного семеноводства;

- разработка методов воспроизводства сортового селекционного посадочного материала;
- разработка методов и практических указаний по отбору насаждений для постоянных лесосеменных участков и их формированию.

В 1973 году в составе ЦНИИЛГИС в г. Новосибирске была создана Новосибирская лесная селекционная лаборатория (Решение Председателя Государственного комитета лесного хозяйства Совета Министров СССР № 492\1 от 7 августа 1972 года).

Приказом Министра лесного хозяйства РСФСР за каждым субъектом Сибири (областью, краем, Республикой) из числа сотрудников лаборатории был закреплен научный куратор (кандидат наук, доктор наук). Приказом по управлению лесного хозяйства соответствующего субъекта он включался в аттестационную комиссию по оценке и регистрации селекционных объектов в государственный реестр. Кураторы были постоянными научными консультантами на всех этапах селекционных исследований и создания селекционно-семеноводческих объектов.

Вот список научных кураторов в хронологическом порядке вступления их в должность: Н.П. Мишуков (первый зав. Лабораторией), А.И. Земляной, Ю.П. Ильичев, В.М. Шмонов, Л.П. Баранник, В.Е. Кулаков, В.М. Урусов, А.Ф. Алехина, В.П. Демиденко, В.В. Тараканов.

Под руководством научных кураторов были проведены десятки конференций, семинаров, практических занятий по изучению научных основ создания постоянной лесосеменной базы на генетико-селекционной основе. Автор занимал эту должность в разное время во всех субъектах в Сибири от Тюмени до Читы.

Развитие лесной селекции активно поддерживали руководители региональных управлений лесного хозяйства. Среди них: начальник Новосибирского управления лесного хозяйства С.И. Кабалин, главный лесничий Алтайского управления лесного хозяйства Л.В. Крывшенко, начальник лесного хозяйства Республики Горный Алтай С.В. Юркин, начальник управления лесного хозяйства Республики Хакасия Н.Н. Саушкин, начальник Иркутского управления лесного хозяйства И.А. Проскуряков, главный лесничий лесного хозяйства Бурятии А.В. Мартынов, главный лесничий Читинского управления лесного хозяйства Е. М. Атаманкин и др.

Огромный коллектив ученых, инженерно-технических работников, лесников, рабочих принимали активное участие в новом направлении деятельности в лесном хозяйстве – создание постоянной лесосеменной базы на генетико-селекционной основе. Ведущая роль в реализации проектов создания селекционно-семеноводческих объектов принадлежала производственным лесосеменным селекционным лабораториям, организованным при управлениях лесного хозяйства. Контроль за соблюдением директивных требований к селекционно-семеноводческим объектам осуществляли сотрудники Зональных лесосеменных станций. Они принимали активное участие в аттестации селекционных объектов и вели их учет в государственном реестре.

За методическую основу отбора селекционных объектов были приняты два основных документа: «Основные положения по лесному семеноводству в СССР» (23) и «Указания о порядке отбора и учета плюсовых деревьев и насаждений, постоянных лесосеменных участков и плантаций в лесном хозяйстве» (36).

«Основные положения по лесному семеноводству в СССР» были подготовлены Управлением воспроизводства лесных ресурсов и защитного лесоразведения Государственного комитета лесного хозяйства Совета Министров СССР (Чебатаревым И.Н., Новосельцевой А.И., Лучиной А.В.), Всесоюзной лесосеменной станцией (Ростовцевым С.А.) и профессором Воронежского лесотехнического института Вересиным М.М. с участием Лаборатории лесоведения Академии наук СССР (профессор, доктор биологических наук Правдин Л.Ф.), Всесоюзного научно-исследовательского института лесоводства и механизации лесного хозяйства (канд. сельскохозяйственных наук Проказин Е.П.), Центрального научно-исследовательского института лесной генетики и селекции (канд. сельскохозяйственных наук Ефимов Ю.П.).

При разработке «Основных положений...» учтены результаты научных исследований по лесной селекции и семеноводству, передовой производственный опыт, а также республиканских органов лесного хозяйства. Они были рассмотрены и одобрены бюро Проблемного Совета по лесной генетике и селекции при ЦНИИЛГиС, а также научно-техническим Советом Государственного комитета лесного хозяйства Совета Министров СССР.

В этих документах предусматривались основные понятия и принципы лесной селекции:

«Все деревья подразделяются на три основные категории: плюсовые, нормальные и минусовые».

«Плюсовые деревья. Это деревья, значительно превосходящие по комплексу хозяйственно-ценных признаков и свойств деревья того же возраста, растущие в одинаковых с ними условиях».

«В одновозрастных чистых насаждениях следует стремиться к отбору плюсовых деревьев, имеющих диаметр и высоту, насаждений приближающиеся к максимальному по теории строения насаждений (превышение над средним диаметром на 60-70%, по высоте – на 15%). Если таких деревьев, отвечающих всем другим требованиям, оказывается недостаточно, то допускается отбор по менее высоким придержкам, однако в любом случае плюсовые деревья должны превышать средние показатели насаждения по диаметру не менее чем на 30% и по высоте не менее чем на 10%.»

«Плюсовые деревья должны быть хорошо очищены от сучьев, иметь прямой полнодревесный ствол, без признаков косослоя, высокоподнятую хорошо развитую крону и другие ценные свойства, отвечающие целевому назначению выращиваемых насаждений».

«Если семенное и вегетативное потомство устойчиво наследует важнейшие хозяйственно-ценные признаки свойства плюсового дерева, то такое дерево признается элитным».

«Нормальные деревья. К этой группе относятся составляющие основную часть насаждения хорошие и средние по силе роста, качеству и состоянию деревья… Нормальные деревья, имеющие в одновозрастном насаждении диаметр не менее чем на 15-20% выше среднего диаметра, а высоту равную, или несколько выше средней высоты насаждения и по комплексу хозяйственно-ценных признаков и свойств приближаются к плюсовым деревьям, называют лучшими нормальными деревьями».

Минусовые деревья – это деревья, не отвечающие требованиям плюсовых и нормальных деревьев.

Плюсовые насаждения – это «самые высокопродуктивные и высококачественные для данного лесорастительного района насаждения, в составе верхнего яруса которых участие плюсовых и лучших нормальных деревьев является максимальным при данных условиях. В высоко полнотных древостоях оно должно составлять около 20-30%».

В соответствии с директивными документами селекционные объекты (плюсовые деревья, плюсовые насаждения) оценивались специальной аттестационной комиссией. В ее состав входили: представители от НИИ от или ВУЗа лесного профиля (научный куратор), от Зональной лесосеменной станции, регионального управления лесного хозяйства, производственной селекционной лаборатории и учреждения, на территории которого был отобран селекционный объект. Председателем комиссии был главный лесничий (зам. начальника) регионального управления лесного хозяйства.

После положительного заключения комиссии о соответствии селекционного объекта действующим требованиям, он включался в государственный реестр и подлежал строгой охране. Такая подробная информация о принципах отбора и организации селекционной работы приведена с целью обратить внимание ученых и практиков на то, что, несмотря на диаметрально противоположные взгляды на использование «плюсовой селекции» в лесном хозяйстве, эти принципы успешно прошли испытание и способствовали отбору лучшего генофонда основных лесообразующих пород в Сибири. Последующие варианты «Основных положений...» были менее объективны, а некоторые (например, для кедра сибирского) вообще непригодны для производственного использования.

Недостаток указанных «Основных положений» заключался в том, что они не были направлены на решение экологических проблем лесов.

Приводим некоторые научные положения, используемые при инвентаризации основных лесообразующих пород, но не отраженные в «Основных положениях».

1. На первом этапе лесные ресурсы оценивались по лесоустроительным материалам: определялись площади древостоев, относящиеся к определенному типу или группе типов леса, их продуктивность, состав и т.д. В первую очередь исследования намечались в высокопродуктивных насаждениях 1-2 классов бонитета. Если таковые отсутствовали, то учитывались наивысшие бонитеты, встречающиеся в данном хозяйстве.

2. Размер площадей, подлежащих исследованию, определялся таким образом, чтобы в одном типе или группе типов леса вероятность отбора плюсовых деревьев была достаточной для создания лесосеменной плантации первого порядка (25, позднее 50 шт.).

Это требование не всегда соблюдалось. В отдельных регионах на плантации размещали потомство плюсовых деревьев со всей площади лесов субъекта независимо от того, где (в горах, на равнине) и в каком типе леса они отобраны. Использование такого смешенного потомства весьма ограничено. При отборе плюсовых деревьев на более мелких участках их количество учитывались в пределах лесосеменного района. Оценивалась доступность отобранных деревьев для сбора черенков и семян в соответствующий период их использования. Если расходы на данную операцию не были оправданы объемом собранного материала, то такие деревья не включались в государственный реестр.

3. Если насаждение было неоднородным, то оно разделялось на более мелкие участки, и биометрические показатели древостоя уточнялись на них путем закладки пробных площадей (с количеством деревьев не менее 50 штук).

1.2 Результаты селекционной инвентаризации хвойных пород в Сибири.

Отбор первых плюсовых деревьев сосны в Сибири относится к 1964-1965 гг. На первом этапе они оценивались Н.П. Мишуковым как научный объект в лаборатории семеноводства (Биологический институт АН СССР г. Новосибирск). Позднее его рекомендации по отбору плюсовых деревьев были переданы в Западносибирское лесоустроительное предприятие. В производственных условиях исследования были начаты в 1967-1968 годах в Ононском лесхозе Читинской области сотрудниками Ленинградского филиала «Союзгипролес».

Период 70-80-х годов прошлого столетия следует оценивать, как период интенсивного внедрения научных исследований в практику лесного селекционного семеноводства. В этот период во всех регионах Сибири с интенсивным ведением лесного хозяйства началось создание постоянной лесосеменной базы на генетико-селекционной основе. И было не все так просто.

В начале во многих субъектах Сибири утверждали, что у них нет плюсовых деревьев! Так, в Иркутской области аттестационная комиссия в различном составе (в т.ч. с представителем Министерства лесного хозяйства РФ) шесть раз оценивала 12 кандидатов в плюсовые деревья сосны, отобранных институтом «Союзгипролес» в Михайловском лесхозе. И каждый раз принималось отрицательное решение о переводе их в категорию «плюсовые». Тогда научным куратором было предложено комиссии отобрать другие «лучшие» деревья в этом же насаждении. Три часа упорного труда не дали положительного результата. В заключении члены комиссии единогласно подписали акт о включении 12 плюсовых деревьев в государственный реестр. После этого события плюсовые деревья хвойных пород появились и в других субъектах Сибири.

Сложность отбора плюсового дерева обусловлена большим количеством требуемых хозяйственно-ценных признаков и свойств. Согласно его определению, оно должно быть прямоствольным, полнодревесным, с хорошей очищаемостью от сучьев, с минимальным превышением от средних значений по высоте на 10%, по диаметру – на 30%, отсутствием вредителей и болезней, с хорошо развитой кроной и т.д. В то же время вероятность отбора находится в обратной зависимости от количества учитываемых признаков. Все они в некоторой мере субъективного характера, за исключением превышения высоты и диаметра. Именно здесь чаще всего допускались ошибки в сторону завышения признаков.

В.В. Тараканов (32) на основании закона единства в строении насаждений утверждает, что «крупномерные деревья, превышающие средние по насаждению на 30% и более, встречаются с частотой 5-10%, на 45% - с частотой 2-3%, на 75% - частотой в десятые и, возможно, сотые доли процента... особей с высотой ствола более 10% от среднего... достаточно много – более 10%, с превышением более 20% - около 2-3%, более 30% - очень мало».

Используя эти материалы, приведем расчет вероятности отбора плюсового дерева с превышениями по диаметру 70%, высоте 30%: 0,001х 0,001 = 0,00001. Если принять, что на одном гектаре спелого леса 400 штук деревьев, то для отбора плюсового дерева необходимо обследовать 2500 га. Учитывая еще 5-7 необходимых других признаков, вывод однозначен: таких деревьев практически в природе не встречается.

В то же время у плюсовых деревьев сосны, включенных в государственный реестр в Республике Бурятия, приводится превышение по высоте до 50%, по диаметру до 111%, в Алтайском крае 27 и 83% соответственно (32). В этом случае: или деревья отобраны ошибочно, или не учтены возрастные категории, т.е. отобранные деревья старше, чем окружающие их экземпляры. Вероятнее всего экземпляры, которые в 1,5 раза выше по высоте и превышают более чем в 2 раза обычный диаметр - это оставленные семенные деревья.

В спелых насаждениях сосны редко встречается дерево с превышением по высоте даже на 10% и комплексом других признаков. К спелому возрасту (около 80-100 лет) высота выравнивается, и «пики», обусловленные в приспевающем периоде условиями роста, очень редки. А если учесть, что отбор ведется по ряду хозяйственно ценных признаков, то деревья с превышением по высоте более 25% встречаются очень редко (14,15) и их количество не имеет практической значимости.

К началу 90-х годов прошлого столетия (к моменту перестройки) в Сибири было отобрано 6629 плюсовых деревьев. На их основе создано 85,7 маточных, 1128 га лесосеменных плантаций вегетативного и семенного происхождения, 76,9 га испытательных культур, 205,3 архивов клонов (таблицы 1.1,1.2).

Согласно зонированию территории лесного фонда Российской Федерации по способам лесовосстановления (6,19) все селекционно-семеноводческие объекты были созданы в зоне содействия естественному возобновлению с элементами искусственного лесовосстановления. Поэтому с точки зрения территориального размещения возможность их эффективного использования не вызывает сомнений. В Сибири отбор плюсовых деревьев основных лесообразующих пород в освоенных регионах по «Основным положениям...»

Таблица 1.1

Количество плюсовых деревьев.

Всего			в том числе*								
			сосна			лиственн.			кедр		
ШТ	в т.ч.исп.		ШТ.	в т.ч.исп.		ШТ	в т.ч.исп		ШТ	в т.ч.исп	
	ШТ	%		ШТ	%		ШТ	%		ШТ	%
1	2	3	4	5	6	7	8	9	10	11	12
Новосибирская область											
для создания ССО											
832**	516	62	401	276	69	55	55	100	137	110	80
в архивно-маточных плантациях											
832	435	52	401	204	51	55	48	87	137	109	80
в испытательных культурах											
832	254	30	401	176	44	55	5	10	137	45	33
Аттестация ССО											
га	в т.ч.атт.		га	в т.ч.атт.		га	в т.ч.атт		га	в т.ч.атт	
	га	%		га	%		га	%		га	%
190	66	35	72	13	18	32	15	47	57	37	65
**, в т.ч.75е, 145п, 19пр.											

Омская область	
312	для создания ССО - нет
312	в архивно-маточных плантациях - нет
312	в испытательных культурах - нет

Иркутская область

для создания ССО									
802**	232	35	545	182	33	36	0	0	196
в архивно-маточных плантациях									
802	170	27	545	170	31	36	0	0	196
в испытательных культурах									
802	22	03	545	22	3	36	0	0	196
**, в т.ч.25Е									

Читинская область

Всего		в том числе								
			сосна		лиственн.		кедр			
шт	в т.ч.исп.	шт.								
	шт	%		шт	%	шт	%	шт	%	шт	%
1	2	3	4	5	6	7	8	9	10	11	12
для создания ССО										
244	67	34	114	67	59	-	-	-	130	0	0
в архивно-маточных плантациях -нет										
в испытательных культурах -нет										
Аттестация ССО – 40 га ЛСП сосны из созданных 70 га – 57%										
Кемеровская область										
для создания ССО										
385**	60	17	28			2	0	0	314		
**, в т.ч.25Е										
в испытательных культурах - нет										
в архивно-маточных плантациях –нет										
Томская область										
для создания С СО										
320	142	44	-	-	-	-	-	-	320	142	44

в архивно-маточных плантациях – 73 шт. 25%
в испытательных культурах - нет
Аттестация ССО –ЛСП кедра сибирского всего 79 га в т.ч. аттестовано 48,5

Красноярский край

для создания ССО										
822**	131	16	507	0	0	4	0	0	227	131	58

в архивно-маточных плантациях										
822	148	18	507	0	0	4	0	0	227	148	0

в испытательных культурах										
822	59	07	507	0	0	4	0	0	227	59	26

Аттестация ССО										
га	в т.ч.		га	в т.ч.		га	в т.ч.		га	в т.ч.	
	га	%		га	%		га	%		га	%
66	66	100	0	0	0	4	0	0	60	60	100

** т.ч. 69Е,15П

Республика Хакассия

для создания ССО										
726	500	73	69	0	0	439	392	90	220	108	49

в архивно-маточных плантациях										
726	249	34	67	0	0	419	225	54	202	24	12

в испытательных культурах										
726	18	03	67	0	0	419	12	03	202	6	03

Аттестация ССО										
га	в т.ч.атт.		га	в т.ч.атт.		га	в т.ч.атт		га	в т.ч.атт	
	га	%		га	%		га	%		га	%
318	245	77	4	-	-	282	213	75	32	32	100

Алтайский край

для создания ССО										
704**	480	68	587	480	82	13					

в архивно-маточных плантациях

га	480/120	68/17	га	в т.ч.		га	в т.ч.		га	в т.ч.	
704	480	68	587			13					

в испытательных культурах

| 704 | 120 | 17 | 587 | | | 13 | | | | | |

Аттестация ССО

га	в т.ч.		га	в т.ч.		га	в т.ч.		га	в т.ч.	
	га	%		га	%		га	%		га	%
158	70	44	144								

** вт.ч.104Е

Республика Алтай

для создания ССО

672			63			171			438		

в архивно-маточных плантациях

672			63			171			438		

в испытательных культурах

672			63			171			438		

Республика Бурятия

для создания ССО

590	339	57	528	339	64	7	0	0	55	0	0

в архивно-маточных плантациях

590	282	48	528	282	53	7	0	0	55	0	0

в испытательных культурах

590	112	19	528	112	21	7	0	0	55	0	0

Аттестация ССО

га	в т.ч.		га	в т.ч.		га	в т.ч.		га	в т.ч.	
	га	%		га	%		га	%		га	%
40,5	28	20	28	28	100						

Республика Тыва

330	для создания ССО – нет,
	в архивно-маточных плантациях – нет,
	в испытательных культурах - нет

Сибирский Федеральный Округ

для создания ССО

6739	2367	36									

в архивно-маточных плантациях								
6739	2055	31						

в испытательных культурах								
6739	585	9						

Аттестация											
га	в т.ч.атт.		га	в т.ч.		га	в т.ч.		га	в т.ч.	
	га	%		га	%		га	%		га	%
1128,3	6о1	53									

*Остальные породы не использованы в создании ССО, или очень мало.

Таблица 1.2

Объекты ЕГСК, га*

Область, край, Республика	ЛСП	ПЛСУ	МП	АК	ИК	ПН	ЛГР	ГК
Новосибирская	195,4	344,7	3,5	58,2	19,8	194,0	2773,0	15,0
Омская	-	406,6	-	-	-	216,1	-	11,0
Иркутская	28, 0	1026,8	12,0	2,0	1,1	726,5	3743,0	2,0
Читинская	70,5	1617,0	-	-	-	145,0	-	8,0
Кемеровская	3, 5	2204,2	-	-	-	-	-	-
Томская	79,0	909,7	20,0	16,0	-	62,5	2271,3	-
Красноярский	66,0	2486,9	2,2	23,1	34,9	82,0	2556,0	86
Хакасия	314,5	945,0	31,5	7,3	4,5	279,0	-	4,0
Алтайский	140,8	593,9	9,5	33,7	8,6	384,5	3657,0	-
Алтай	99,8	1554,8	0,5	12,5	-	115,0	673,4	-
Бурятия	40,5	1032,0	-	51,5	7,0	376,3	13748,1	10
Тыва	-	365	-	-	-	-	-	-
Итого	1128,3	14410,3	85,7	205,3	76,9	2590,3	30058,8	142,0

*) Условные обозначения: ЛСП – лесосеменная плантация, ПЛСУ – постоянный лесосеменной участок, МП – маточная плантация, АК – архив клонов, ИК –испытательные культуры, ПН – плюсовые насаждения, ЛГР – лесной генетический резерват, ГК – географические культуры.

(23,24) следует считать завершенным, за исключением некоторых доработок. Так, в Кемеровской области аттестовано 28 плюсовых деревьев сосны, 2 лиственницы, в Алтайском крае - 13 лиственницы, в Иркутской области – 25 ели, в Республики Бурятия – 7 лиственницы, в Омской области – 4 лиственницы, в Новосибирской области – 19 прочих.

Это не завершенные мероприятия, так как для создания селекционно-семеноводческого объекта необходимо потомство не менее 50-ти плюсовых деревьев(35). В этом случае, их необходимо исключить из госреестра, чтобы не увеличивали количество не использованных объектов, или осуществить дополнительный отбор плюсовых деревьев до необходимого объема.

Селекционно-семеноводческие объекты отсутствуют: в Омской области (отобрано 267 плюсовых деревьев), в Республике Тыва (330 шт.) и в Красноярском крае (507 шт.). Понятно, что первоочередная задача в этих регионах – выращивание селекционного посадочного материала, создание лесосеменных плантаций первого порядка и закладка испытательных культур.

Из-за отсутствия научного контроля в последние годы объекты ЕГСК в Сибири используются недостаточно полно. Резерв плюсовых деревьев использован всего лишь на 36%, а созданные селекционно-семеноводческие объекты - на 53%. Наиболее эффективно плюсовые деревья осваивались в Новосибирской области, Республике Хакасия, Алтайском крае.

Очень мало так называемых научных объектов. Из 6739 плюсовых деревьев лишь 2055 представлено в виде архивно-маточных плантаций (31%) и лишь 585 - в испытательных культурах (9%).

1.3 Единовременная инвентаризация объектов ЕГСК.

Согласно «Указаниям по лесному семеноводству в Российской Федерации» (35) все селекционно-семеноводческие объекты: плюсовые деревья, архивы клонов, лесосеменные и маточные плантации, испытательные и географические культуры составляют единый генетико-селекционный комплекс (ЕГСК), в т.ч. и лесные генетические резерваты (ЛГР).

Лесной генетический резерват - участок леса, типичный по своим фитоценотическим, лесоводственным и лесорастительным показателям для данного природно-климатического региона, выделенный в целях сохранения генофонда конкретного вида и не является селекционно-семеноводческим

объектом. К началу 90-х годов их было выделено 30058 га. Актуальность единовременной инвентаризации ЕГСК в лесном фонде обусловлена рядом сложившихся обстоятельств. Некоторые селекционные объекты, отобранные по фенотипическим признакам в 70-80 годы, после испытания временем не подтвердили свою «плюсовость». У плюсовых деревьев появились морозобоины, повреждения вредителями и болезнями, которые снизили селекционную ценность объекта. Бурелом, снеголом, сильные ветры обусловили механические повреждения плюсовых деревьев, поэтому не могли использоваться для создания селекционно-семеноводческих объектов. Что касается уже созданных ССО, то отсутствие с начала 90-х годов научных наблюдений за ними и соответствующего ухода, их состояние и значимость становятся неизвестными. Например, подвой может оказаться лидером по отношению к привою и привести к гибели последнего.

Из-за давности аттестации характеристики и биометрические показатели селекционных объектов существенно отличаются от тех, которые указаны в действующих паспортах. Такое же различие и у окружающих насаждений.

Поэтому в настоящее время актуальна не только инвентаризация ССО, но и оценка их состояния. Оценка состояния проводится по методике, разработанной Новосибирским филиалом «Росгипролес» в сотрудничестве с НИИЛГиС (14). Инвентаризация особенно актуальна накануне повсеместной закладки испытательных культур объектов ЕГСК, чтобы исключить селекционные объекты, у которых «плюсовость» уже не подтверждается.

Единовременная инвентаризация осуществлялась по методике, предложенной Федеральным агентством лесного хозяйства. Количество объектов единого генетико-селекционного комплекса в Сибири до и после единовременной инвентаризации приведены в таблице 1.3. Результаты первичного анализа результатов инвентаризации, а так же актуальные проблемы и пути их решения приводятся на примере Омской и Новосибирской областей.

Доля плюсовых деревьев, отвечающих современным требованиям, в Новосибирской и Омской областях существенно различается (таблица 1.4). Оказалось, что плюсовые деревья в Омской области, рекомендованные к списанию, относятся к группе – «неопознанные». Суть в том, что плюсовые деревья, аттестованные в 70-80-е годы прошлого столетия, не были подписаны с соблюдением действующих требований, когда на высоте 1,3 м на белой полосе шириной 10 см наносятся черной краской номера плюсового дерева по государственному реестру и предприятию (36).

В итоге в учреждении «Подгородный лесхоз» 119 деревьев и в «Усть-Ишимский лесхоз» 50 деревьев «опознать» не удалось, так как свыше было указание: нет номеров – нет плюсовых деревьев.

Учитывая уникальность искусственно созданного насаждения сосны обыкновенной (посадка 1905 года), предлагается осуществить повторный отбор плюсовых деревьев в количестве не менее 60 штук (достаточном для создания лесосеменной плантации первого порядка). Что касается ели, тоже искусственного происхождения, то отбор плюсовых деревьев желательно выполнить в сотрудничестве с НИИ или ВУЗом лесного профиля, потому что на ограниченной территории здесь встречается несколько гибридов, которые без научного анализа различить весьма сложно.

Из общего количества плюсовых деревьев, рекомендованных к списанию, 15% имеют морозобоины, грибные и вирусные заболевания, поражения энто- или фитовредителями, 3-5% занимают не найденные или труднодоступные плюсовые деревья.

Доля плюсовых деревьев сосны обыкновенной, рекомендованных к списанию, в Новосибирской области составила 30%. Это полностью совпадает с результатами исследований, полученными Новосибирским филиалом «Росгипролес» в сотрудничестве с Сибирской лабораторией НИИЛГиС по оценке состояния плюсовых деревьев в Читинской области и Республике Бурятия.

Таблица 1.3

Количество объектов ЕГСК до и после инвентаризации 2008 г.

Объект ЕГСК	Ед. изм.	Объем объектов ЕГСК		
		на 01.01.2007	после учета	%%
Плюс.деревья	шт	6484	4740	73
ЛСП	га	1142.3	907.9 в т.ч. аттест. 556, 61%	80
МП	га	83.0	61.8	75
АК	га	216.4	173.8	80
ПЛСУ	га	13834	6260	45

При изучении состояния около 700 плюсовых деревьев сосны обыкновенной доля не прошедших испытания на «плюсовость» через 15-20 лет колебалась в пределах 30-35% (14,15).

Таблица 1.4

Сводная ведомость инвентаризации плюсовых деревьев

Область	Вид породы	Количество деревьев, занесенных в госреестр, шт	В т.ч. соответствуют «Указаниям…»	
			шт.	%%
Новосибирская	Сосна обыкновенная	401	306	76
	Пихта сибирская	145	74	51
	Кедр сибирский	137	107	78
	Ель сибирская	75	62	82
	Лиственница сиб.	55	54	98
	Береза повислая	19	-	-
	Итого:	832	603	70
Омская	Сосна обыкновенная	170	91	54
	Ель сибирская	93	-	-
	Лиственница сиб.	4	-	-
	Итого:	267	91	34

Если считать, что деревья в течение длительного времени (несколько десятков лет) сохраняют свою «плюсовость», то можно предположить, что фенотип в некоторой мере обусловлен генотипом, их доля примерно 60-70%. Потомство деревьев, «плюсовость» которых не подтвердилась временем, удаляются из представительства клонов или семей на селекционно-семеноводческих объектах и исключаются из госреестра.

Плюсовые насаждения к списанию рекомендовались только в порядке исключения (таблица 1.5), когда они относились к группе перестойных (ОГУ «Муромцевский лесхоз») или имели ограниченную площадь, недостаточную для эффективного хозяйственного использования (ОГУ «Новосибирский лесхоз»).

Лесосеменные плантации, архивы клонов, маточные плантации, испытательные культуры, лесные генетические резерваты, созданы только в Новосибирской области (таблицы 1.6,1.7).

Списание ЛСП предлагалось лишь при абсолютной гибели (например, ОГУ «Сузунский лесхоз») или при наличии саженцев неизвестного происхождения (ОГУ «Бердский лесхоз»). Последняя переведена в более низкую селекционную категорию – постоянный лесосеменной участок (ПЛСУ). Доля лесосеменных плантаций, подлежащих реконструкции, составляет 9%, а дополнение требуется примерно на 1/3 всей площади (36%). Эти мероприятия необходимо реализовать в первую очередь, потому что из 202,8 га созданных лесосеменных плантаций аттестовано только 101,2 га, т.е пригодных для получения улучшенных семян всего 50%. Не аттестованные лесосеменные плантации в основном требуют дополнения. В то же время саженцы для дополнения можно вырастить не раньше, чем через 5-7 лет. Поэтому в порядке исключения рекомендуется пересадка крупномерного посадочного материала высотой 1,5-2 м с уже созданных ЛСП.

То есть, одна плантация ликвидируется, за счет удаляемых с нее деревьев дополняется та, где требуется пополнение. Освободившаяся площадь используется в первую очередь для создания объектов повышенной генетической ценности.

Таблица 1.5

Ведомость инвентаризации плюсовых насаждений

Область	Вид породы	Плюс. насаждений, включенных в госреестр, га	Плюс.насаждения как объект ЕГСК	
			га	%%
Новосибирская	Сосна обыкновенная	40	31,6	79
	Кедр сибирский	55	55	100
	Пихта сибирская	99	99	100
	Итого:	194	185,6	96
Омская	Сосна обыкновенная	87,7	97,5	52
	Ель сибирская	28,4	27,4	96
	Итого:	216,1	124,9	58

Не всегда принимались во внимание биологические особенности роста древесной породы. Так, не были учтены условия размещения ЛСП ели сибирской (ОГУ «Сузунский лесхоз», Новосибирская область). Она была спроектирована на площади после сельскохозяйственного использования: на возвышенном, открытом месте. В таких условиях тенелюбивая ель в течение 5-ти лет систематически погибала. В итоге объект были вынуждены списать. Рекомендации по поводу требований при выборе участка для проектирования селекционно-семеноводческого объекта, приведены в разделе 1.6.

Все селекционно-семеноводческие объекты Новосибирской области сосредоточены преимущественно в открытом акционерном обществе (ОАО) «Бердский лесхоз». Ниже приводится краткая характеристика его деятельности.

Таблица 1.6

Сводная ведомость инвентаризации ЛСП

Вид породы	Фактическая площадь, га		Сохраняется как объект ЕГСК				
	Всего	в т.ч. аттес-тованных	Всего		в т.ч. аттестованных	
			га	%%	Га	%%
Сосна обыкнов.	86	47	66,9	77	37	79
Лц сибирская	32,5	16	30,5	94	6,6	22
Кедр сибирский	57,3	38,2	52,3	91	38,2	41
Ель сибирская	27	-	-	-	-	-
Всего:	202,8	101,2	149,7	74	91,2	61

Таблица 1.7

Сводная ведомость инвентаризации ЛГР АК, ИК, МП/ГК

Вид породы	ЛГР			АК			ИК			ГК		
	Всего га	в т. ч. соответствует		Все-го, га	в т.ч. соответствует		Всего га	в т.ч. соответствует		Все-го га	в т.ч. соответ ствует.	
		Га	%%		га	%%		га	%%		га	%%
1	2	3	4	5	6	7	8	9	10	11	12	13
Новосибирская область												
Сосна об.	1381	1193	86	25	24,7	98	11,3	11,3	100	15,4	15,4	100
Кедр сиб.	518	518	100	20,2	20,2	100	5	4,5	90	-	-	-
Пихта сиб.	155	155	100	-	-	-	-	-	-	-	-	-
Ель сиб.	310	310	100	10,0	0	0	3	-	-	-	-	-
Листв сиб.	409	409	100	6,5	6,5	100	0,5	-	-	-	-	-
Итого:	2773	2585	93	61,4	51,4	84	19,8	15,8	78	15,4	15,4	100
Омская область												
Ель	-	-	-	-	-	-	-	-	-	10,2	10,2	100

1.4 ОАО «Бердский лесхоз»

ОАО «Бердский лесхоз» создан на базе селекционно-семеноводческого предприятия, специализирующегося, начиная с 60 годов прошлого века, на создании постоянной лесосеменной базы на генетико-селекционной основе. С 1973 года он был экспериментальным подразделением Центрального научно-исследовательского института лесной генетики и селекции – ЦНИИЛГиС.

В Сибири это ведущее предприятие по созданию селекционно-семеноводческих и научных объектов единого генетико-сслекционного комплекса. Здесь проводились региональные, союзные, международные семинары, симпозиумы, научно-производственные совещания, анализировался и обобщался передовой опыт использования методов плюсовой селекции в лесном хозяйстве.

С начала 90-х годов научное сопровождение и специальные структурные подразделения, занимающиеся созданием ССО, были ликвидированы и федеральное финансирование охраны и ухода за объектами ЕГСК практически прекратилось. Учитывая актуальность развития селекционного семеноводства, ОАО «Бердский лесхоз» все работы по его развитию выполняет за счет собственных средств.

Принимая во внимание, что развитие лесной селекции не может быть без научного сопровождения, в ОАО «Бердский лесхоз» разработали «Положение о научном консультанте по лесной генетике и селекции». За основу был принят Федеральный закон Российской Федерации от 17 декабря 1997 года № 149-ФЗ "О семеноводстве", где предусматривается «научное обеспечение семеноводства осуществляют ... физические лица, занимающиеся научными исследованиями в области семеноводства...»

Основные требования, предъявляемые к научному консультанту были следующие: опыт работы в области селекционного семеноводства, участие в проектировании и создании ССО не менее 10 лет, ученая степень – кандидат, доктор наук. Это позволило ОАО «Бердский лесхоз» стать лидером в получении улучшенных семян лесных пород, не только в Сибири, но и в России.

Доля улучшенных семян в нашей стране в общем сборе семенного фонда мелкохвойных пород составляет 3% (18). В странах Европы данный показатель составляет, в среднем, 20%, а в Скандинавских странах до 90% по основным лесообразующим породам. В Новосибирской области, в связи с активной деятельностью ОАО «Бердский лесхоз», доля улучшенных семян в последние годы занимает более 1/3 – это значительно выше, чем по стране и в среднем за рубежом (таблица 1.6).

Сбор семян кедра сибирского осуществляется в лучших насаждениях, выделенных как плюсовые. Это позволяет собирать семена улучшенной селекционной категории в достаточном количестве для полного обеспечения планируемых посадок.

Доля улучшенных семян значительно может быть увеличена за счет сбора на уже созданных ССО, но еще не аттестованных в настоящее время. Из 128.9

га лесосеменных плантаций, вступивших в стадию плодоношения, только 69.9 га аттестовано, т.е. используется примерно половина имеющихся резервов (Таблица 1.7). Дополнительная аттестация ССО позволила бы увеличить сбор улучшенных семян хвойных пород почти в 1.5 раза.

Но на современном этапе создание постоянно действующей аттестационной комиссии оказалось невозможным. В соответствии с «Указаниями по лесному семеноводству в Российской Федерации» (35) комиссия предусматривается в составе: главный лесничий органа управления лесным хозяйством в субъекте РФ (председатель комиссии), представители НИИ, лесосеменной станции и соответствующего лесхоза. (п.10.5). В то же время состав, функции и структура перечисленных организаций совершенно изменились или полностью ликвидированы.

Учитывая давность создания селекционно-семеноводческих и научных объектов в ОАО «Бердский лесхоз», они являются ценным ресурсом, для выделения лучших клонов или семей плюсовых деревьев, с целью формирования на их основе объектов повышенной генетической ценности.

Впервые в Сибири здесь проектируется лесосеменная плантация кедра сибирского повышенной генетической ценности на основе испытательных культур, созданных из потомства плюсовых деревьев, отобранных на интенсивность роста и качество ствола (35). Наиболее подробно в главе 3.

ОАО «Бердский лесхоз» продолжает наращивать объемы новых селекционно-семеноводческих объектов, путем реконструкции имеющихся и создания объектов нового поколения с использованием проверенного потомства плюсовых деревьев.

В настоящее время все объекты единого генетико-селекционного комплекса переданы из федерального подчинения в ведение субъектов Российской Федерации. Это новый этап развития лесного селекционного семеноводства в Сибири.

В региональных программах должны быть определены основные направления развития лесной селекции с учетом специфики имеющихся сырьевых ресурсов. В предприятиях, с интенсивным ведением лесного хозяйства, с освоенной сырьевой базой, следует предусмотреть развитие индивидуальной и популяционной селекции. В многолесных, не освоенных регионах преимущество имеет популяционная селекция. Кроме того, наравне с потребительскими требованиями к лесным ресурсам, должно предусматриваться направление лесной селекции на экологическую значимость выделенных объектов. В связи с этим, необходимо разработать новые директивные указания по отбору плюсовых деревьев основных лесообразующих пород.

Ниже приводится краткая аннотация основных направлений развития лесной селекции по субъектам Сибири.

Таблица 1.8

Собрано семенного материала в Новосибирской области в 2009-2011г.г.

Год	Собрано семян, кг						
	всего	В том числе мелкохв.			Кедра		
		всего	Улуч.	%%	всего	Улуч.	%%
2009	2135.5	335.5	115	34	1800	600	33
2010	1976.8	406.8	148	36	1570	620	39
2011	5135.1	825.1	300	36	4310	720	17
2012	1863,5	463,5	210	45	1400	0	0
2013	1220,8	220,8	80	50	1000	0	0
2014	3453,2	253,2	202	80	3200	950	30
Всего	15784,9	2504,9	1055	42	13280	2890	22

Таблица 1.9

Аттестация ССО в ОАО «Бердский лесхоз»

Порода	Площадь ЛСП,га,			
	всего	в том числе		
		аттестовано	не аттестовано	
			га	%%
Кедр сибирский	57.3	38.2	19.1	33
Сосна обыкновенная	47.7	21.3	26.4	55
Листв. сибирская	23.9	10.4	13.5	56
Всего в работе	128.9	69.9	59	46

1.5 Основные направления развития ЕГСК в регионах Сибири

В настоящее время одна из основных задач развития лесной селекции в Сибири – разработка региональных программ создания единого генетико-селекционного комплекса. Исходя из многолетнего опыта научного руководства Сибирской лесной селекционной лаборатории НИИЛГиС в этом направлении, предлагаются следующие основные направления создания объектов ЕГСК по субъектам Сибирского Федерального Округа.

Омская область :

- отбор плюсовых деревьев сосны обыкновенной, ели сибирской и ее гибридов в количестве достаточном для создания лесосеменной плантации (не менее 60 шт.);

- отбор плюсовых насаждений основных лесообразующих пород;

- выращивание селекционного посадочного материала основных лесообразующих пород;

- создание лесосеменных плантаций первого порядка, маточных плантаций, архивов клонов;

- закладка испытательных культур всех селекционно-семеноводческих объектов;

- выделение лесных генетических резерватов.

Новосибирская область:

- выделение перспективных клонов и семей основных лесообразующих пород на базе ССО и испытательных культур для создания плантаций повышенной генетической ценности;

- отбор плюсовых насаждений и совершенствование популяционного метода селекции;

- решение проблемы использования лесных генетических резерватов, с целью сохранения генетического разнообразия лесных пород и создание ССО;

- закладка испытательных культур всех объектов единого генетико-селекционного комплекса.

В Иркутской области в хорошем состоянии лесосеменные плантации сосны. Они, несомненно, подлежат аттестации. Не удовлетворительное состояние ЛСП кедра сибирского, созданных путем прививки черенков с плюсовых деревьев на обычные культуры. В настоящее время учитывается 4 га архивов клонов и 4 га ЛСП первого порядка. Практически по структуре формирования они не различаются. Для их аттестации необходимо провести тщательные исследования по установлению размещения потомства плюсовых деревьев (установить, сколько фактически прижившихся привитых растений и от каких плюсовых деревьев), осуществить обязательное удаление с плантации не привитых экземпляров. Если количество прижившихся клонов будет недостаточно для аттестации (менее 50 шт.), то в порядке исключения можно учесть ранее действующие требования (23), при представительстве на плантации не менее 25 клонов. Это единственная попытка создать ССО кедра в Прибайкалье и Забайкалье, ибо таковых в этих регионах пока нет.

Что касается плюсовых деревьев лиственницы (36 шт.) и ели (25 шт.), то с учетом лесосеменного и лесохозяйственного районирования следует оценить целесообразность создания лесосеменных плантаций в данном регионе и принять соответствующее решение. Наиболее вероятное – довести их отбор до необходимого представительства на ЛСП.

Имеющиеся резервы плюсовых деревьев сосны (545 шт.) и кедра (196 шт.) для создания селекционно-семеноводческих объектов используются недостаточно полно, соответственно 35 и 25%. В первую очередь следует осуществить оценку состояния плюсовых деревьев с последующей закладкой испытательных культур.

Приоритетное направление в Иркутской области должна иметь групповая, популяционная селекция основных лесообразующих пород. Необходимо определить регион ее применения и продолжить селекционную инвентаризацию на этой основе.

В Читинской области на момент оценки состояния плюсовых деревьев сосны Новосибирским Филиалом «Росгипролес» в сотрудничестве с Сибирской лесной селекционной лабораторией НИИЛГиС в государственный реестр было включено 244 экземпляра. В настоящее время их учтено лишь 67 штук (14), остальные уничтожены пожаром. В Ононском лесхозе отбирались одни из первых в Сибири плюсовые деревья сосны. В 1998 году их было 151 шт., в настоящее время они полностью уничтожены пожаром. Но осталась лесосеменная плантация, созданная на базе этих плюсовых деревьев (40,5 га), которая в отличном состоянии. Теперь это единственный генный банк сосны обыкновенной Цасучейской дачи, занимавшей до пожара около 40 тыс. га.

Наиболее актуальное сейчас направление исследований – это оценка состояния потомства плюсовых деревьев сосны на ЛСП, с целью выделения перспективных клонов и семей для создания объектов повышенной генетической ценности. Это в какой-то мере компенсирует затраченный огромный труд высоко квалифицированных специалистов Зональной лесосеменной станции (зав. Козюк Т.И.), производственной селекционной лаборатории (зав. Китаева Т.П.) и инженерно – технических работников Ононского лесхоза, принимающих активное участие в отборе плюсовых деревьев и создании лесосеменной плантации.

В других предприятиях лесного хозяйства Читинской области сохранение генетического потенциала основных лесообразующих пород требует специального научного обоснования. Приоритетное направление – групповая, популяционная селекция.

В Томской области в хорошем состоянии лесосеменные плантации и архивы клонов кедра сибирского, созданные в Калтайском лесхозе в сотрудничестве с Институтом экологии природных комплексов СО АН СССР (в настоящее время в составе Института мониторинга климатических и экологических систем СО РАН, г.Томск). Эти селекционно- семеноводческие объекты по качеству хозяйственно ценных признаков занимают одно из первых мест в Сибири. Во многом это заслуга зам. директора лесхоза по экспериментальным работам, кандидата сельско-хозяйственных наук В.В. Пинаева.

Особую ценность здесь представляет коллекция вегетативного потомства кедра, привитого черенками, взятыми из различных мест ареала этой породы: широтный профиль (СЮ) – 15 пунктов, долготный (ЗВ) - 29 пунктов, экологический - 22 пункта (инициатор и исполнитель этих исследований кандидат биологических наук С.Н. Горошкевич). Такой объект можно с полным основанием назвать генным банком кедра сибирского. В настоящее время необходима инвентаризация его состояния, дальнейшее пополнение и использование.

Что касается лесосеменных плантаций, то следует провести в них энтомологические и фитопатологические исследования, потому что в некоторых местах наблюдается усыхание единичных экземпляров кедра.

Оценка состояния плюсовых деревьев кедра, включенных в государственный реестр, здесь была начата в 2000 году Новосибирским филиалом «Росгипролес» в сотрудничестве с Сибирской лабораторией НИИЛГиС(15). Были обследованы 55 плюсовых деревьев кедра, отобранных в Томском лесхозе. Все деревья заново описывались по признакам, предусмотренным в паспорте установленного образца, и привязывались к квартальной сети. Оказалось, что 37% плюсовых деревьев не отвечают требованиям этой селекционной категории и подлежат исключению из государственного реестра. Такое заключение было сделано на основании выявленных повреждений энтомовредителями, раком, морозобоинами, буреломом и пр. Данные исследования необходимо продолжить и осуществить повсеместную закладку испытательных культур.

В программу исследований необходимо также включить изучение вегетативного потомства кедра на ССО, с целью выявления перспективных клонов для создания лесосеменных плантаций повышенной генетической ценности. Эти предложения могут быть включены в общую программу развития ЕГСК в области в ближайшие 5-10 лет.

В Красноярском крае все селекционно-семеноводческие и научные объекты ЕГСК сосредоточены в федеральном государственном учреждении (ФГУ) Западно-Саянское опытное лесное хозяйство, и только одной породы - кедра сибирского (инициатор научных исследований директор ФГУ Ю.А. Череповский). Здесь создано 66 га лесосеменных плантаций, 2,2 га маточных плантаций, 23,1 га архивов клонов, 35 га испытательных культур и 24 га географических культур. Такого количества объектов ЕГСК больше нет ни в одном учреждении края, а по другим лесообразующим породам селекционно-семеноводческие объекты в крае пока отсутствуют (таблица 1.2).

В то же время в государственный реестр включено 507 плюсовых деревьев сосны, 69 – ели, 15 - пихты и 4 – лиственницы.

В первую очередь необходимо провести исследования по оценке состояния плюсовых деревьев сосны обыкновенной. Включать в ССО и испытательные культуры следует только те экземпляры сосны, у которых «плюсовость» подтверждается с учетом современных требований (35). На основании имеющегося опыта их число составит примерно 60-70% от общего количества, учтенного в государственном реестре. Актуальность данных исследований очевидна.

Что касается остальных пород: ели, пихты, лиственницы, то эта проблема требует специального рассмотрения и научного обоснования. Возможно, что следует ограничиться только методами популяционной селекции и повсеместной закладкой испытательных культур отобранных объектов.

В первую очередь необходимо оценить состояние материнских плюсовых деревьев, а так же их потомство с целью выявления перспективных клонов и семей для создания лесосеменных плантаций повышенной генетической ценности.

В крае должна быть разработана региональная программа создания и совершенствования объектов единого генетико-селекционного комплекса. Методы селекции должны быть научно обоснованы и дифференцированы в зависимости от целенаправленности создания будущих лесов.

Республика Хакасия занимает первое место в Сибирском регионе по реализации плюсовых деревьев в создании селекционно-семеноводческих объектов (73%) и по их эффективному использованию (аттестации - 77%). Здесь самая большая в Сибири площадь лесосеменных плантаций лиственницы сибирской – 280 га.

У истоков успешного развития селекционного семеноводства в Хакасии был заслуженный лесовод СССР Н.Н. Саушкин. Он активно участвовал в создании лесосеменной плантации и селекционного питомника кедра сибирского в Абазинском лесхозе. Селекционные исследования здесь велись в тесном сотрудничестве с Новосибирской лабораторией ЦНИИЛГиС. Созданные селекционно-семеноводческие объекты были науно-производственной базой Института. Директор ЦНИИЛГиС К.К. Калуцкий предлагал организовать здесь Сибирский центр лесной генетики и селекции (1973-1974 гг). Однако финансовые ограничения не позволили в то время осуществить предложение директора.

В Республике Горный Алтай создание селекционно-семеноводческих объектов первого поколения в ближайшие годы малоперспективно. Это объясняется дорогостоящей в горных условиях подготовкой площади для ЛСП. Поэтому одним из перспективных направлений развития ЕГСК здесь является изучение и выявление наиболее ценных клонов и семей кедра сибирского на созданных архивах клонов и лесосеменных плантациях с целью создания объектов повышенной генетической ценности. Актуально создание селекционно-семеноводческих объектов на базе групповой селекции и повсеместная закладка испытательных культур всех объектов ЕГСК.

Республика Бурятия – единственный субъект в Сибири, где осуществлена оценка состояния всех объектов ЕГСК. Здесь имеется весь комплекс объектов, предусмотренных программой развития сохранения генетического потенциала древесных пород: ЛСП, ПЛСУ, АК, ИК, ПН, ЛГР и ГК. Ресурсы ЕГСК позволяют переходить на более высокий уровень совершенствования селекционно-семеноводческих объектов, а именно – создание объектов повышенной генетической ценности. Приоритетным направлением следует считать использование групповой селекции и закладку испытательных культур всех объектов ЕГСК

В Республике Тыва ЕГСК ограничивается 330 плюсовыми деревьями и 365 га ПЛСУ. К созданию лесосеменных плантаций первого порядка в Республике пока не приступали. Принимая во внимание, что наиболее перспективной в настоящее время является групповая селекция, дальнейший отбор плюсовых деревьев основных лесообразующих пород следует считать неперспективным. Приоритетным направлением здесь является закладка лесосеменных плантаций первого порядка и испытательных культур всех объектов ЕГСК.

Из Алтайского края и Кемеровской области материалы по использованию плюсовых деревьев и селекционно-семеноводческих объектов не поступали.

В целом по Сибирскому Федеральному округу плюсовые деревья использованы для создания селекционно-семеноводческих объектов на 36%, испытательных культур заложено около 9%, а созданные ССО используются на 53%. В целях скорого получения улучшенных семян первоочередной задачей является повсеместная подготовка (реконструкция, дополнение, маркировка и пр.) ССО и их аттестация.

Совершенствование ЕГСК должно осуществляться дифференцировано по субъектам РФ в зависимости от уровня современного состояния селекционных объектов.

Учитывая проведенную ФГУ «Российский центр защиты леса» в 2008 году единовременную инвентаризацию объектов ЕГСК в лесном фонде СФО, необходимо выполнить анализ этих материалов с целью обоснования программы развития лесного семеноводства в ближайшие годы и на длительную перспективу.

Научно-производственная программа развития селекционного семеноводства в Сибири предлагается следующая:

- установить эффективность и целесообразность использования плюсовых деревьев основных лесообразующих пород для создания селекционно-семеноводческих и научных (испытательных культур, архивов селекционного клонов) объектов;

- выявить эффективность использования созданных лесосеменных плантаций для получения улучшенных семян;

- определить достоинства и недостатки действующих нормативных документов и рекомендовать методы их совершенствования;

- обосновать дифференцированный подход к развитию ЕГСК по субъектам в зависимости от методов селекции и зонирования лесовосстановления;

- дать обоснование основных направлений селекционных исследований по субъектам, выполняемых на конкурсной основе;

- дать рекомендации по развитию ЕГСК в ближайшие 5-10 лет с целью сохранения биоэкологического и генетического разнообразия основных лесообразующих пород. Кроме потребительских целей, лесная селекция должна быть направлена на улучшение экологической среды обитания человека.

Для постоянного контроля состояния ЕГСК необходимо создать систему мониторинга объектов ЕГСК по следующим критериям:

- соответствие аттестации объектов нормативным требованиям;

- целесообразность использования плюсовых деревьев основных лесообразующих пород, включенных в государственный реестр;

- эффективность использования селекционно-семеноводческих объектов для получения улучшенных семян;

- актуальность тематики селекционных исследований по субъектам, выполняемых на конкурсной основе.

Мониторинг должен вестись специалистами подразделения федерального органа лесного хозяйства с консультированием ученых соответствующей специализации.

ЕГСК здесь должен развиваться главным образом на базе групповой(популяционной) селекции с последующей закладкой испытательных культур и выделения т.н. сортов-популяций.

1.6 Совершенствование действующей нормативной базы

Оценка плюсовых насаждений согласно действующим «Указаниям» (35) весьма субъективна: «плюсовые насаждения – самые высокопродуктивные, высококачественные и устойчивые для данных лесорастительных условий насаждения». Учитывая, что в освоенных районах спелые насаждения в основном вырублены, требования к «плюсовости» их должны быть более конкретными и поддающиеся измерению. Например, включить прежнее требование (23): в плюсовом насаждении «…участие плюсовых и лучших нормальных деревьев... должно составлять около 20-30%». Или установить минимальные таксационные показатели: полноты, участие основной породы в составе и т.д. Плюсовое насаждение - наиболее объемный представитель той или иной популяции по сравнению с плюсовым деревом и позволяет в большей мере сохранить генетический потенциал породы.

Популяция в лесоведении пока не имеет четкого понятия, и границы ее очень сложно определить. Например, что такое популяционно-экологические культуры(35)? «Опытные культуры, создаваемые потомствами нескольких эдафотипов лучших для конкретного региона климатипов в двух-трех наиболее распространенных типах лесорастительных условий с целью их испытания в данном регионе и выделения сортов-популяций. Получается, что популяция – это группа эдафотипов или климотип!? Как правило, никто не знает, где граница популяции, о которой ведет речь тот или иной автор.

Совершенствование директивных положений по лесной селекции, в первую очередь, касается методики закладки испытательных культур. Согласно действующих «Указаний...» (35) для этой цели требуется 100 сеянцев от каждого плюсового дерева, в трех повторностях, в 2-3 типах леса, от 2-3 урожаев. По минимальным требованиям это 1200 сеянцев от одного плюсового дерева, или необходима площадь лесных культур 0,3 га при размещении 4000шт. на 1 га. Если в Новосибирской области более 600 плюсовых деревьев, то следует подготовить площадь более 180 га при сплошной обработке почвы. Вероятность, что результат испытаний оправдает такие затраты, очень мала. Сорокалетний опыт сбора и посева семян с плюсовых деревьев сосны обыкновенной в Ононском лесхозе Читинской области показывает, что в первые годы от одного дерева можно получить до 90 штук сеянцев (среднее число 50), а к 10-15 годам возраста потомства этот показатель снижается до 0-40 штук (среднее 20). То есть, отдельные деревья не дают совсем или дают очень мало жизнеспособного потомства. Эта закономерность повторяется в различных генерациях у одних и тех же особей (14). Поэтому необходимо предусмотреть предварительную оценку потомства плюсовых деревьев на уровне сеянцев и саженцев с обязательной отбраковкой, прежде чем закладывать испытательные культуры на десятилетия. По опыту Ононского лесхоза от одного плюсового дерева в среднем можно получить от одной генерации не более 30-50 штук сеянцев.

Возможно, авторы методики предполагали сбор семян от одного плюсового дерева осуществлять в течении трех генераций, чтобы получить сеянцы в количестве 100 шт. Но такая работа в производственных условиях пратически не выполнима.

В последние годы появились новые сообщения о результатах испытаний потомства плюсовых деревьев   Оценку потомства в возрасте 7 лет и менее следует отнести к «подростковой» фазе, а в 8-15 лет - к «юношеской» фазе онтогенеза, в которой   уже стабилизируется прирост семей по высоте и возможен отбор лучших вариантов (30).

С учетом   полученных выводов   директивные указания следует трактовать следующим образом:

1.Запретить проектирование и создание селекционно-семеноводческих объектов на базе плюсовых деревьев, включенных в государственный реестр.

2. Перечень плюсовых деревьев для создания ССО подготавливается в процессе подготовки посадочного селекционного материала в следующем порядке:

а) с каждого плюсового дерева собираются семена и высеваются в питомнике с целью выращивания сеянцев до момента перешколивания до возраста 3-5 лет, в этом возрасте под научным контролем осуществляется оценка потомства с целью отбраковки экземпляров, давших плохое потомство (доля устанавливается на основе статистического анализа) или не давших вовсе, потомство остальных деревьев пересаживается в тубы и выращивается с закрытой корневой системой до возраста 7-10 лет;

б) в возрасте 7-10 лет осуществляется повторная оценка роста и сохранности потомства плюсовых деревьев и снова удаляются (под научным контролем) экземпляры отставшие в росте;

в) Прошедшие испытания саженцы плюсовых деревьев используются:

- для создания селекционно-семеноводческих объектов;

- для создания испытательных культур, с целью дальнейшего наблюдения за ростом потомства плюсовых деревьев.

В этом случае площадь испытательных культур плюсовых деревьев сократиться минимум на 1/3, а селекционный эффект, принимая во внимание обобщенные исследования (30), повыситься до 15%.

До настоящего времени при проектировании лесосеменных плантаций было достаточно, чтобы подбираемая площадь по размеру была не менее 50 га и размещена на   расстоянии не менее 300 м от минусовых насаждений и отвечала требованиям действующего ОСТа 56-74-96. Происхождение же плюсовых деревьев в зависимости от условий роста (типа леса) не учитывалось.

Предлагается различать три варианта подбора лесорастительных условий при проектировании селекционно-семеноводческих объектов: 1) с представительством потомства плюсовых деревьев от типа или группы типов леса - аналогичные условия; 2) с представительством от лесосеменного района или группы лесосеменных районов - оптимальные лесорастительные условия; 3) с представлением потомства плюсовых деревьев, находящихся за пределами естественного распространения вида - наилучшие лесорастительные условия. .

Для разработки новых директивных указаний по сохранению и использованию ценного генофонда хвойных пород необходимы специальные исследования включающие анализ теории и практики опыта применения плюсовой селекции в развитии селекционного семеноводства.

Научная программа сохранения ценного генофонда хвойных пород в Сибири утверждена на 3-ем международном совещании 23-29 августа 2011 г. в г. Красноярске. Основные ее разделы:

- генетико-эволюционные основы устойчивости лесных экосистем;
- структура и динамика популяционных генофондов, стратегия сохранения лесных генетических ресурсов Сибири в условиях глобального изменения климата и антропогенного воздействия;
- объекты селекции и сохранения генофонда: состояние, генетическая паспортизация, отбор "элиты", лесосеменное районирование, генетика признаков устойчивости и продуктивности.

Академическая программа по сохранению ценного генофонда лесных пород в Сибири та же, что и в России в целом. Это «изучение и охрана лесных генетических ресурсов, где сохранились практически последние на Земле участки бореальных лесов с нативной генетической структурой, в том числе девственные старовозрастные леса, имеют огромное значение. Получение с помощью молекулярных маркеров данных о нативной популяционно-генетической структуре видов деревьев хвойных и лиственных пород является основополагающим при разработке мероприятий по консервации лесных биологических ресурсов. Сравнение генетико-популяционных показателей (гетерозиготности, полиморфности, аллейного разнообразия) у природных популяций и в объектах ЕГСК позволяет оценить эффективность селекционных и ген-консервативных мероприятий и организовать мониторинг генетического разнообразия в масштабах страны» (28).

2 Отбор плюсовых деревьев кедровых сосен на примере кедра сибирского (Pinus sibirica Du Tour)

До сих пор все директивные указания по развитию лесного селекционного семеноводства касались повышения продуктивности лесов и улучшения качества древесины (23,24,35). Решение экологических проблем: устойчивость лесов в экстремальных условиях, обусловленных техногенным и естественным воздействием, сохранность рекреационных насаждений и т.д. - не предусматривалось. В то же время на фоне ухудшающихся условий окружающей среды экологическое значение лесов (легких планеты) приобретает первостепенное значение по сравнению с использованием древесины. Отбор плюсовых деревьев с учетом экологической значимости лесов приводится на примере кедра сибирского или сосны кедровой сибирской.

Настоящие рекомендации включают переработанную ранее изданную «Методику» (16) и впервые предлагаются два новых раздела – «Отбор плюсовых насаждений кедра базе «потенциальных» кедровников» на основе имеющегося опыт работы (11-17) и уникальных материалов по характеристике кедрового подроста, полученных в Институте экологии природных комплексов, филиала Института леса СО РАН.

Данные предложения рассмотрены на заседании кафедры лесного хозяйства и ландшафтного строительства Биологического Института Томского Государственного Университета и рекомендованы для опытно-производственной проверки .

На территории нашей страны широко распространены три вида кедровых сосен. Сосна кедровая сибирская, или кедр сибирский (Pinus sibirica Du Tour), растет на северо-востоке нашей страны, начиная от верховий р. Вычегды на Урале и по всей Сибири до Станового хребта и Забайкалья, дерево до 40-45 м высоты и до 1,5 м в диаметре.

Кедр корейский, или маньчжурский (Pinus koraiensis Sieb. et Zucc) – дерево высотой до 35-42 м и до 2-х м в диаметре, распространен на Дальнем Востоке, а также в Маньчжурии, КНДР и Японии; отличается от кедра сибирского более крупными шишками (10-15 см) и семенами (15-20 мм).

Кедровый стланик (Pinus pumila (Pall.) Regel) - хвойный стелющийся кустарник или небольшое деревце высотой до 3-5 м высоты, широко распространен в Восточной Сибири и на Дальнем Востоке. Создание селекционно-семеноводческих объектов кедровых сосен в настоящих рекомендациях предлагается на примере сосны кедровой сибирской (Pinus sibirica Du Tour).

В настоящее время при создании ССО кедра руководствуются общими нормативными положениями для основных лесообразующих пород (24,35). Они в основном предусматривают повышение продуктивности насаждения и улучшение качества древесины.

Кедр является исключением из этих правил. Во-первых, рубка кедра на древесину до сих пор запрещена. В этом случае отбирать его на качество древесины нецелесообразно. Но это, видимо, временное запрещение – запретить рубку вообще, в т.ч. перестойные насаждения, по крайней мере, противоречит здравому смыслу. Поэтому осуществлять селекционную инвентаризацию кедра по действующим нормативным документам допустимо, в то же время необходимо использовать другие ценные качества породы: урожай семян (орехов), экологическую и декоративную значимость породы пр..

Кедр сибирский - порода, которая имеет уникальное многоплановое социальное и экологическое значение. Прежде всего, кедр – это орехоплодная порода – его семена («орешки») – высококалорийный пищевой продукт, живица – ценное сырьё для фармацевтической промышленности, хвоя обладает самой высокой фитонцидностью среди хвойных пород, она ценный витаминный продукт (в виде муки) для животных и птиц, ценность кедрового масла и кедровой древесины широко известны у нас и за рубежом. В экологическом плане (водоохранная, почвозащитная, средообразующая роль и пр.) кедр занимает ведущее место среди всех лесообразующих пород.

При создании селекционно-семеноводческих объектов кедра необходим дифференцированный подход в зависимости от цели его использования.

1. Отбор кедра на семенную продуктивность.

а) на урожайность семян («орешков») – как пищевого продукта;

б) на семеношение - создание селекционно-семеноводческих объектов с целью лесовыращивания.

В первом случае есть попытки разработать нормативные документы (20,29), во втором варианте – проблема пока на уровне дискуссии (1,2,7,12,34).

2. Отбор кедра на продуктивность (интенсивность роста):

а) по комплексу признаков. Это общее направление для всех лесообразующих пород, в т.ч. и для кедра;

б) на интенсивность роста, общую биологическую продуктивность, фитомассу, с целью лесовосстановления в водоохранных, почвозащитных, в горных, рекреационных и других экологически значимых зонах;

в) на устойчивость в экстремальных условиях с целью лесовосстановления на разрушенных техногенных территориях;

г) на смолопродуктивность, качество семян (масляничность, вкусовые качества и пр.), декоративность и другие, более узкие направления осуществляются по методикам НИИ и частных лиц.

3. Групповая или популяционная селекция кедра на базе естественного подроста, или так называемых «потенциальных кедровников». Это направление предлагается впервые – выделять плюсовые насаждения кедра на ранней стадии развития древостоя, в 40-80 лет. В Западной Сибири потенциальных кедровников насчитывается 6.1 млн га, в т.ч. 1.2 млн – доступных (4,7).

2.1 Отбор плюсовых деревьев кедра на семенную продуктивность

Дискуссия по поводу методов селекции кедра на семенную продуктивность в промышленных масштабах не прекращается уже около 40 лет. В то же время в государственный реестр не включено ни одного плюсового дерева кедра по этому признаку (6). Если даже такие аттестованы, то они отобраны только с учетом уровня развития женского генеративного яруса, на основании оценки, так называемой потенциальной энергии плодоношения. Действующие нормативные документы по отбору кедра на семенную продуктивность(20,29) рассчитаны для теоретических исследований, в производственных условиях их использование оказалось практически невозможным.

Впервые для производственных условий «Методика отбора плюсовых деревьев кедра сибирского по семенной продуктивности» была разработана в лаборатории плодоношения Института леса и древесины им. В.Н. Сукачева СО АН СССР» (20). Сложность ее выполнения в высоких требованиях. Вот некоторые из них: «в кроне последовательно осматривают ветви каждой мутовки женского яруса, пригибая отдаленные крючком. На ветках подсчитывают число шишконосных побегов и двухлетних шишек и определяют количество тех и других на дереве». Такие работы выполняются в академических учреждениях.

Далее: «многолетняя удельная энергия семеношения деревьев (количество шишек на 1 см диаметра, прим. автора) в зависимости от диаметра колеблется от 0,7 до 2,3 и составляет в среднем 1,5 шишки на 1 см.». Значит, максимальное превышение признака от среднего значения 2,3:1,5 = 1.5. В «Методике» же минимальное превышение для плюсового дерева предлагается 1.8. Такие требования практически невыполнимы.

Следующий нормативный документ: «Рекомендации по отбору и оценке плюсовых деревьев кедра сибирского на семенную продуктивность», разработан НИИЛГиС по заданию Федеральной службы лесного хозяйства России» (29). В этом документе, кроме повторения требований выше указанной «Методики», для «дополнительной характеристики орехопродуктивности плюсовых деревьев» предлагается ещё учитывать: динамику семеношения, сроки созревания шишек, процент отпада макростробилов и озими, степень повреждения зрелых шишек и семян энтомовредителями или микофлорой, июньский поклев шишек кедровкой, дятлом и другими птицами до их созревания, склонность к очень поздним срокам опада шишек, аномалии в развитии озими и шишек, зараженность болезнями и вредителями и т. д.

К тому же, в «Рекомендациях» даже нет определения – что такое «плюсовое дерево кедра по семенной продуктивности» и какие к нему требования.

Суть в том, что учесть весь биологический урожай семян кедра сибирского практически невозможно. Влияние таких постоянных естественных факторов как повреждение шишек кедровкой и многочисленной фауной, естественный опад (при порывах ветра, интенсивных ливнях, перепад температур и пр.) и ряд других явлений, в т.ч. антропогенных - учесть и исключить практически нельзя. Определить можно только расчетный, или потенциальный урожай семян.

2.1.1 Отбор плюсовых деревьев кедра на потенциальный урожай семян по развитию женского генеративного яруса.

Потенциальный урожай семян в этом случае оценивается по количеству плодоносящих веток. Ветки различаются: женские или плодоносящие, расположенные в верхней части кроны, на них хорошо видны шишки после двухгодичного их созревания, мужские с пыльниковыми колосками, расположены обычно в средней части кроны и ростовые, на которых генеративные органы отсутствуют, текущий прирост заканчивается ростовой почкой.

В «Рекомендациях…» (29) при оценке потенциальной урожайности семян предлагается считать все плодоносящие ветки (независимо от их порядка). Однако целесообразнее учитывать только скелетные плодоносящие ветки: во-первых, ветки разного порядка (1-го, 2-го, 3-го и т.д.) не равнозначны, их сложно отличить друг от друга, поэтому одну и ту же ветку можно учесть дважды, или не учесть вовсе. Скелетные ветки различаются более четко и их легче подсчитать.

Подсчет скелетных веток осуществляется в следующем порядке: на расстоянии высоты дерева, двигаясь вокруг ствола, визуально оценивается количество (густота) женских веток по всей периферии кроны. Определив сторону со средней густотой скелетных плодоносящих веток, подсчитывается их количество на всей видимой стороне кроны, и умножаем на 2. Эта операция выполняется у отобранных и средних деревьев. Средние показатели семеношения определяются не менее чем у 5-ти средних деревьев, отобранных в каждом поколении насаждения.

Основанием для отбора плюсового дерева на потенциальный урожай семян является превышение количества женских скелетных веток по сравнению со средними деревьями на 30% и более. Превышение может быть меньшим, если длина шишек у них более 65 мм или толщина женских скелетных веток более 10 см. Отобранному дереву присваивается ранг – плюсовое дерево кедра по потенциальной семенной продуктивности

Отбор кедра на потенциальную урожайность семян целесообразно осуществлять при оценке плюсовых деревьев на продуктивность и качество ствола.

Если у плюсового дерева на продуктивность и качество ствола количество женских скелетных веток превышает среднее значение на 30% и более, то такому дереву присваивается ранг – плюсовое дерево на продуктивность древесины и потенциальную семенную продуктивность.

Плюсовое дерево на потенциальную продуктивность, прошедшее испытание на устойчивость жизнеспособности потомства, называется плюсовое дерево на семенную продуктивность с целью лесоразведения

2.1.2 Отбор плюсовых деревьев кедра по энергии семеношения (по расчетному урожаю семян).

На основании энергии семеношения (количества шишек на одном побеге), количества семян в одной шишке и их удельному весу семян устанавливается расчетный урожай семян, получаемый с дерева.

С четырех сторон кроны (с-ю, в-з), в верхней, средней и нижней части плодоносящего яруса отбирают по одной средней ветке и на побегах первого и второго порядка по следам от шишек определяют их количество за последние 10 лет. Такие же образцы веток отбирают не менее, чем у 5-ти средних деревьев.

Затем с отобранного дерева берут не менее 20 шишек и устанавливают: их размеры (длина, диаметр), количество семян в одной шишке, шт.; массу 1000 шт. семян, г; полнозернистость семян, в сотых долях.

Масса урожая семян определяется по формуле:

$$M = м \times Кс \times Кжв \times Кшв \times Пз \times 0,001, где$$

М - масса полнозернистых семян на скелетных ветвях дерева, г;

м – масса 1000 штук семян, г;

Кс – количество семян в одной шишке, штук;

Кжв – количество женских скелетных веток, штук;

Кшв – количество шишек на одной ветке, штук;

Пз – полнозернистость, в сотых долях.

Если масса семян у отобранного дерева выше среднего значения признака на 30% и более, то ему присваивается ранг – плюсовое дерево кедра на урожайность семян по энергии семеношения.

Если у отобранного дерева в течение трех лет (от трех генераций) масса семян выше, чем у средних деревьев на 30% и более, то такое дерево переводится в ранг – плюсовое дерево кедра по расчетной семенной продуктивности (11,13,25).

Плюсовое дерево по расчетной семенной продуктивности, прошедшее испытание на устойчивость жизнеспособности потомства, называется плюсовое дерево на семенную продуктивность с целью лесовыращивания

2.2 Отбор плюсовых деревьев кедра на устойчивость в экстремальных условиях

В связи с глобальном изменением климата, экологических катастроф, техногенных, антропогенных, рекреационных и других вредных воздействий на условия роста растений, необходимо вести отбор плюсовых деревьев лесных пород на устойчивость в экстремальных условиях.

Объектом исследований в этом случае являются насаждения, разрушенные под воздействием неблагоприятных условий. Отбираются деревья лучшего и нормального роста с высотой и диаметром не менее средних значений для насаждения, в котором ведется отбор. Поражения вредителями и болезнями должны быть минимальные по сравнению с окружающими деревьями.

Следует считать справедливым, что среди одиночных сохранившихся деревьев или в группе деревьев в плюсовую категорию допускаются экземпляры, «когда в распадающимся одновозрастном выделе есть несколько (немного) деревьев с идеальной жизнеспособностью, отличным ростом и плодоношением. Это деревья, генотип которых идеально соответствует тем лесорастительным условиям, в которых находится данный выдел. Если для воспроизводства кедровников в таких условиях использовать именно эти генотипы, то долговечность, продуктивность и устойчивость создаваемых насаждений будут значительно выше нынешних» (5,6).

Отобранному дереву присваивается ранг – плюсовое дерево кедра по устойчивости в экстремальных условиях. Потомство этих деревьев намечается использовать в первую очередь для рекультивации разрушенных территорий.

2.3 Отбор плюсовых деревьев кедра на биологическую продуктивность (фитомассу).

При повсеместной селекционной инвентаризации кедровых насаждений плюсовые деревья на биологическую продуктивность отбираются согласно действующих директивных документов, с той разницей, что не учитываются: величина бессучковой части ствола, полнодревесность, допускается минимальная по сравнению с окружающими деревьями пораженность вредителями и болезнями.

Ведущий признак – максимальное накопление биомассы: чем интенсивней рост, лучше развита крона, тем выше селекционная значимость отбираемого дерева. Минимальные превышения по сравнению со средними значениями для выдела : по высоте 12%, по диаметру 36%.

Отобранному дереву присваивается ранг – плюсовое дерево кедра по биологической продуктивности. Потомство таких деревьев используется в первую очередь для восстановления водоохранных, почвозащитных, рекреационных, средозащитных лесов.

Пюсовые деревья на устойчивость в экстремальных условиях и биологическую продуктивность являются основной базой для восстановления экологической среды обитания человека.

2.4 Отбор плюсовых деревьев кедра на продуктивность и качество ствола.

Требования к отбору деревьев по комплексу признаков приводятся в нормативных документах (24,35): в категорию плюсовых деревьев отбирают в основных типах леса, в первую очередь в плюсовых насаждениях, наиболее крупные по высоте и диаметру деревья, отличающиеся прямоствольностью, полнодревестностью, хорошим очищением ствола от сучьев, устойчивостью к неблагоприятным факторам среды, вредителям и болезням, отсутствием вильчатости.

В одном поколении плюсовое дерево должно превышать средние значения признаков для насаждения по высоте на 10% и более, по диаметру на 30% и более. В насаждениях, пройденных постепенными и выборочными рубками, минимальные превышения могут быть снижены соответственно до 8 и 20%.

В порядке исключения допускается селекция кедра на качество древесины - для мебельного производства; на декоративность - для создания городских ландшафтов и озеленения населенных пунктов; на смолопродуктивность - с целью получения живицы – ценного сырья для фармацевтической промышленности, получения канифоли, скипидара и другой редкой продукции. В этом случае руководствуются специальными методиками, разрабатываемыми НИИ соответствующего профиля.

В Сибири отбор кедра на продуктивность и качество ствола широко осуществлялся в 70-80 годы прошлого века. После единовременной инвентаризации в 2007 году предлагалось исключить из госреестра неосвоенные плюсовые деревья, находящиеся в трудно доступных местах, погибшие в результате пожара или по другим естественным причинам (бурелом, снеголом, ветровал и пр.). В итоге в настоящее время учтено 1349 плюсовых деревьев кедра. По специальной методике отобрано 128 плюсовых деревьев кедра по смолопродуктивности.

Имеющийся опыт по отбору плюсовых деревьев показывает, что при их оценке наиболее часто допускается ошибка при определении превышения по высоте. В одном поколении деревья с превышением высоты более 10% в сочетании с другими признаками: «отличающиеся прямоствольностью, полнодревестностью, хорошим очищением ствола от сучьев, отсутствием вильчатости, устойчивостью к неблагоприятным факторам среды, вредителям и болезням» встречаются очень редко. В то же время в государственном реестре встречаются деревья с превышениями высоты на 30 - 50%. В этом случае деревья не плюсовые: они или более старшего возраста, или оценка выполнена не правильно – не были выделены соответствующие возрастные группы.

Превышение высоты у плюсового дерева до 30% - очень редкое исключение. Опыт показывает, что фактически при указанных условиях этот признак может колебаться лишь в пределах 10-20%. Более высокие показатели вызывают сомнение в правильности оценки «плюсовости» дерева. Аналогичные ошибки встречаются и при оценке превышений по диаметру ствола. Как правило, они колеблются в пределах 30- 60%, а в государственном реестре можно встретить и до 100%. Рекомендуется переоценка таких экземпляров у всех основных лесообразующих пород.

Предлагаемые положения по отбору плюсовых деревьев кедра на экологическую значимость предлагаются впервые, они в какой-то мере справедливы и для других хвойных пород. Поэтому критика и дискуссия по поводу понятий плюсовых деревьев неизбежны, но только так могут быть получены объективные директивные указания в данном направлении.

2.5 Отбор плюсовых насаждений кедра на ранней стадии развития.

Формирование кедровых насаждений с целью повышения урожая семян имеет давнюю историю. Лесоводственные мероприятия заключались в изреживании древостоев и создании лучших условий для освещения и развития крон отдельных деревьев (3).

По обобщенным исследованиям приоселковые кедровники сформированы населением из кедровых насаждений с примесью лиственных пород стихийными методами, которые, с лесоводственной точки зрения, могут рассматриваться как рубки ухода – типа осветлений.

Осветление начиналось в возрасте 7-30 лет, число приемов- около 20-28, интенсивность 3-16 %, периодичность 2-7-12 лет. В итоге такого ухода кедрачи представляют собой чистые равномерно разреженные насаждения. Семенная продуктивность 60-летних насаждений в этом случае составляет 240-270 кг семян на 1 га, а в 170 лет -520 кг. Это примерно в три раза больше, чем в естественных, но не сформированных кедровых насаждениях. Поэтому целесообразность повышение семенной продуктивности за счет лесоводственных мероприятий не вызывает сомнений. Обобщенные материалы по характеристике припоселковых кедровников приводятся в таблице 2.1(3).

«Припоселковые кедровники», «Кедровые сады», «Постоянные лесосеменные участки» (ПЛСУ) – это в настоящее время, как правило, называют одни и те же объекты. Однако назначение кедровых садов и ПЛСУ абсолютно различное. Кедровые семена (орешки), в этом случае, имеют различные цели использования.

Кедровые сады создавались нашими предками для получения товарного, пищевого продукта - ореха, а ПЛСУ – это современное творение, селекционно-семеноводческий объект для получения улучшенных или нормальных семян.

В данном случае предлагается аналог ПЛСУ, но с существенным отличием по отбору и формированию объекта. При существующей терминологии, это можно отнести так же к формированию лесосеменных заказников на базе плюсовых насаждений, отобранных на ранней стадии развития кедровников.

Предлагается новое направление создания селекционно-семеноводческих объектов кедра, которое проходит пока опытно-производственную проверку(12). Этот метод касается популяционной селекции. Он прост в использовании и наиболее полно сохраняет генетический потенциал породы, по сравнению с индивидуальной селекцией.

По исследованиям Института леса и древесины им. В.Н. Сукачева СО АН СССР в пределах естественного распространения кедра сибирского происходит его интенсивное восстановление под пологом других пород. Анализ восстановительных смен кедровых лесов позволяет выделить обширные хозяйственные категории насаждений, так называемые, «потенциальные кедровники» с ускоренным переводом их в кедровники естественного происхождения. К «потенциальным кедровникам» относятся все высокобонитетные лиственные насаждения в пределах экологического ареала кедра при наличии в них молодого жизнеспособного кедра и крупного подроста во втором ярусе – соответственно 800-1000 и 400-500 экз. на 1 га (4,7,9, 27).

Таблица 2.1

Стандарты характеристик интенсивного кедрового сада

Состав (возр, лет)	Ср. дерево		Ср. крона		Пол нот а	Запа с	Чис. дер./	Колич. шишек,шт		
	Н, м	Д, см	Д, м	Протяж, м		Куб м	ср.рас. м	Ср. Дер	Тыс /га	Семя н кг/га
10К (60-70)	15	34	5.7	12.4	0.63	205	250/6.8	55	14.0	278
10К (100-120)	22	46	6.2	17.3	0.68	352	200/7.6	94	18.7	374
10К (160-180)	25	53	6.8	18.8	0.71	418	167/8.3	157	26.3	526

Ниже приводится площадь «потенциальных кедровников», которые могут быть использованы для селекционной инвентаризации и формирования селекционно-семеноводческих объектов уже в настоящее время (таблица 2.2) Из данных по наличию и характеристике «потенциальных кедровников» (4,7,9) видно, что их показатели позволяют их использование в производственных условиях.

Фонд «потенциальных» кедровников в Западной Сибири составляет 6120 тыс. га, в том числе доступных 1200 тыс. га. Отбор участков следует вести в наиболее распространенных и продуктивных типах леса. Примерно 35% «потенциальных» кедровников относятся к зеленомошным и травяным типам леса, 2-3 класса бонитета. Эти группы типов леса и предлагается осваивать в первую очередь. Травяно-болотная и сфагновая группы, 4-5а бонитета, занимающие около 40% площади, следует оценивать как менее перспективные.

Предлагается выделять селекционные категории кедровых насаждений на быстроту роста на ранней стадии их развития. Возраст подроста кедра с высотой от 0,5 до 3 метров колеблется от 40 до 60-80 лет, поэтому есть основания такое насаждение отнести к возрастной группе «приспевающие». Отбор и формирование плюсовых насаждений в этом возрасте вполне целесообразны, потому что, используя лесоводственные методы, можно достичь сбора семян 240-270 кг с 1га (3).

Таблица 2.2

Площадь потенциальных кедровников в Западной Сибири, тыс. га для лесовосстановления .

Область	Потенциальных кедровников, тыс. га		
	Всего	В том числе	
		доступные	1-я очередь
Кемеровская	60	39	14
Новосибирская	22	16	6
Омская	83	50	10
Томская	2350	505	180
Тюменская	3605	590	220
Всего	6120	1200	430

Согласно действующих «Указаний...» (35) «Плюсовые насаждения – самые высокопродуктивные, высококачественные и устойчивые для данных лесорастительных условий насаждения». Такое определение весьма субъективно, так как не установлены минимальные пределы таких важных характеристик как полнота, состав, а зараженность болезнями и вредителями может быть и в самых продуктивных насаждениях. Поэтому при оценке «плюсовости» насаждений кедра предлагается использовать уже изложенные выше рекомендации.

Раньше (23), когда «нормальная» категория деревьев подразделялась на «лучшие нормальные» и «нормальные», определение плюсового насаждения было более объективным – это самые высокопродуктивные, высококачественные и устойчивые для данных лесорастительных условий насаждения, имеющие долю плюсовых и лучших нормальных деревьев не менее 22%, а полнота не менее 0,5.

Бех И.А. на базе обширного фактического материала (несколько сот пробных площадей) подрост кедра разделяет на группы: повышенной, средней и пониженной жизнеспособности (4,7) с конкретными биометрическими характеристиками каждой группы (таблица 2.3). Как селекционные категории, они практически соответствуют лучшим (в том числе плюсовым), нормальным и минусовым экземплярам. Ценность выделенных групп именно в их объективной оценке, так как указаны конкретные параметры роста и развития растений для соответствующей выделенной категории. «Нормативы выделения потенциальных кедровников» для смешанных темно-хвойных лиственных кедровников приведены в таблице 2.4.

Таблица 2.3

Разделение кедрового подроста по жизненному состоянию

Состояние жизнеспособ ности	Охвоение	Форма кроны	Протяжен- ность кроны %	Ср. текущий прирост за 3-5лет			Боковые ветки, шт, направ.
				1.5м	1.6-3м	>3	
Повышенное	густое	конусо образн ая	80	8	12	18	4-8, вверх
Среднее	среднее	яйцеви дная	50-75	6	9	14	3-6, вбок
Пониженное	редкое	округл ая	≤50	3	5	7	1-3, опущен.

Таблица 2.4

Нормативы выделения потенциальных кедровников

Формация, группа типов леса	Миним альная высота подрос та, м	Минимальное количество кедра т.шт./га, обеспечивающее					
		естественную смену			формирование целевых насаждений рубками ухода		
		Дере вьев *	подроста		Дере- вьев*	подроста	
			1*	2		1*	2
Смешанные темно-хвойно-лиственные	0.5	0.7	1.2	1,6	0.8	1.6	2.5

1*- жизнеспособного, 2- общее количество.

По эти данным можно определить долю в подросте экземпляров пониженной жизнеспособности: общее количество на 1 га -2,5 тыс. шт., жизнеспособных -1,6 тыс. шт. или 64%, значит, угнетенные (минусовые) составляют 36 %. Этот показатель совпадает с нашими данными 30-35% (12). Следует отметить, что такая доля менее развитых растений касается подроста, начиная от высоты 0,5 м и выше, примерно до 4 м.

Общая схема отбора плюсового насаждения в потенциальных кедровниках предлагается следующая: по лесоустроительным материалам отбираются участки насаждений, где подрост представлен не менее 1 000 штук на 1 га. На всех отобранных участках осуществляется визуальная его оценка и среди них выделяется лучший на площади не менее 10 га. Замер и селекционная оценка каждого экземпляра подроста кедра осуществляется на пробных площадях (их количество зависит от разнообразия площадок с различным количеством подроста на единице площади, но не более 3-х). На основании доли подроста, относящегося к категории «повышенная», устанавливается селекционная категория насаждения (таблица 2,5).

Таблица 2.5

Селекционные категории насаждений кедра сибирского на ранней стадии развития

Селекционные категории насаждения	Доля подроста по жизнеспособности, %*			Присутствие плодоносящих деревьев
	Повышенная	Средняя	Пониженная	
плюсовые	40	40	20	есть
нормальные	30	40	30	единич.
минусовые	20	30	50	нет

*На основании разделения деревьев кедрового насаждения по жизнеспособности (4,7,9)

Один из вариантов формирования селекционно-семеноводческого объекта кедра следующий: в отобранном плюсовом насаждении убирается весь верхний полог и подрост, с оставлением экземпляров кедра повышенной и средней жизнеспособности не более 300 штук на 1 га (12). Через 5-10 лет количество деревьев на 1 га доводится до 120-150 штук, удаляются отставшие в росе, не плодоносящие экземпляры. По мере освоения данного метода формирования селекционного объекта, возможны и другие варианты в зависимости от состояния и состава верхнего полога и количества естественного подроста кедра на единице площади.

Согласно действующих «Указаний»(35), плюсовое насаждение, в котором удалены минусовые и отставшие в росте деревья, является лесосеменным заказником для получения улучшенных семян. Именно к этой селекционной категории и следует относить на первой стадии создания сформированный объект кедра.

3 Оценка испытательных культур кедра, заложенных на продуктивность и качество древесины

Общее положение для всех хвойных пород по испытательным культурам следующее – это искусственные насаждения, предназначенные для проведения генетической оценки семенного потомства плюсовых деревьев и насаждений, отобранных по фенотипу, а также потомства лесосеменных клоновых плантаций первого порядка (в отдельных случаях - постоянных лесосеменных участков).

Генетическую оценку плюсовых деревьев проводят по их общей или специфической комбинационной способности сохранять в потомстве ценные селектируемые признаки материнского дерева. В качестве контроля используют потомство из семян, заготовленных в местных насаждениях нормальной селекционной категории в тех же лесорастительных условиях, где были отобраны плюсовые деревья. Кроме того, проводят хозяйственную оценку по продуктивности, качеству ствола и др. селекционным признакам. Испытательные культуры закладывают на участке с одинаковым агрофоном. Подготовку участка и обработку почвы проводят по технологии, применяемой в данных условиях для создания лесных культур. Близки к испытательным культурам географические культуры и популяционно-экологические культуры, в которых проводят генетическую оценку семенного потомства климатипов и эдафотипов. Оценку испытательных культур проводят во II классе возраста, а затем - через 10-15 лет. На каждом этапе отбраковывают деревья с неустойчивыми селекционными признаками. Последнюю проверку проводят в возрасте потомства, равном не менее 1/2 возраста рубки главного пользования или возраста спелости испытываемых пород (35).

Данные положения касаются плюсовых деревьев и насаждений хвойных пород, отобранных на интенсивность роста и качество ствола. Общая технология закладки и оценки испытательных культур справедлива и для кедра сибирского. Но анализ признаков при оценке потомства должен быть иной. Прежде всего, рубка кедра на древесину в настоящее время запрещена. Значит качество древесины при оценке продуктивности (быстроты роста) не может быть ведущим. То есть закладка испытательных культур кедра, с научной точки зрения, была не целесообразна, а выполнена формально в общем потоке выполнения плана для всех хвойных пород. В настоящее время в производственных условиях их оценивают как обычные культуры, из потомства плюсовых деревьев. В некоторых регионах они представляют 15-20 –летние насаждения (с размещением 0,75х3.0м), имеют сомкнувшиеся кроны, развитие которых весьма ограничено. Как сформировать спелое насаждение из испытательных культур -положений нет. Не решенной остается главная проблема: формировать испытательные культуры или пусть они формируются естественным путем без вмешательства человека. В итоге, если оценивать созданный научный объект по существующим директивным указаниям, с научной точки зрения, он не представляет какой-либо ценности. С другой стороны – это не используемая в производственных условиях территория, на подготовку которой затрачено огромное количество средств - обычную вырубку надо было подготовить как под пшеничное поле.

В то же время, используя выше новое направление селекции кедра на экологическую значимость, оценку данного объекта можно оценить с большим эффектом сохранения генетического потенциала данной породы, а именно, на общую биологическую продуктивность (быстроту роста) и создать объект повышенной генетической ценности. Кроме того, на месте созданных испытательных культур будет сформирован постоянный лесосеменной участок для получения улучшенных семян, с точки зрения –восстановления экологической среды обитания человека.

Принимая во внимание, что быстрота роста имеет высокую корреляционную зависимость с интенсивностью семеношения, r = 09 (5,6), этот признак может быть использован как косвенный лучшей семенной продуктивности.

Оценка потомства плюсовых деревьев в испытательных культурах кедра осуществляется в следующем порядке.

1. Проводится учет сохранности растений (в %) раздельно по плюсовым деревьям.

2. Измеряются диаметры не менее чем у 50 растений каждого происхождения на высоте 1,3 м (ступень толщины 2 см);

3. измеряются высоты не менее чем у трех растений в каждой ступени толщины.

4. Дается оценка развития кроны 50 деревьев каждого происхождения по 3-х бальной шкале:

- развитие кроны хорошее – более 1\2 высоты ствола –1балл;

- развитие кроны нормальное –более 1\3 высоты ствола -2 балла;

- развитие кроны слабое менее 1\3 высоты ствола - 3 балла.

По высоте и диаметру – определяются средние статистические показатели: (хср), среднеквадратическое отклонение (σ), ошибки средней (m), коэффициента вариации (V) и точности вычислений (Р).

По средним: диаметру, высоте и сохранности устанавливается общая масса древесины у потомства отдельных деревьев. Затем, с учетом развития кроны, устанавливаются лучшие материнские (плюсовые) деревья. Среди потомства отобранных плюсовых деревьев выделяются лучшие экземпляры, которые являются базой для создания объекта повышенной генетической ценности. Во всех случаях лучшие – это превышающие среднее значения признака не менее, чем на 2 среднеквадратических отклонения.

В итоге на базе испытательных культур кедра создается два селекционно-семеноводческих объекта.

1. На занимаемой площади формируется постоянный лесосеменной участок для получения улучшенных семян: удаляются 3 ряда, между рядами остается 9м, в каждом ряду удаляются худшего роста деревья (используя выше полученные материалы), но не более, чем со средним расстоянием между ними 7-8м (от 5 до 10м). Лучшие лесоводственные условия для семеношения кедра, когда на 1 га не более 100-120 деревьев. В данном варианте некоторый резерв создается в случае отпада отдельных экземпляров в новых лесоводственных условиях (изреживания). Если такового не произойдет, то осуществляется повторное изреживание по аналогичному принципу первого, чтобы достичь требуемого размещения.

2. Формируется объект повышенной генетической ценности из лучших экземпляров в результате дважды осуществленной оценки: среди маточных (плюсовых) деревьев и в потомстве уже выделенных деревьев (в натуре они отмечаются знаком «+». На специально подготовленной площади осуществляется посадка таких экземпляров с размещением 10х10 м. Создается ровное количество га, оставшейся резерв (на ПЛСУ) используется в случае гибели пересаженных экземпляров.

Опытно-производственная проверка данных вариантов уже началась в ОАО «Бердский лесхоз».

Возможно создание и третьего селекционного объекта, если у отдельных экземпляров кедра появились к моменту оценки органы семеношения – озимь или шишки. В этом случае визуально обследуются все деревья на всей площади испытательных культур и выделяются экземпляры, начинающие плодоносить. Вероятность их появления в возрасте около 20 лет весьма не высокая, но не исключается (3). В итоге может быть создан селекционный объект на скороплодность кедра.

4 Сохранение ценного генофонда лесов – актуальная проблема современности

С момента ликвидации научных и производственных учреждений, занимавшихся созданием и развитием лесного селекционного семеноводства, прошло уже более 20 лет. Понятно, что кадры уже переквалифицировались. При случайной встрече с опытным ученым-практиком, бывшим заведующим научно-производственной селекционной лабораторией получился такой диалог. На мой вопрос: «Где трудишься?» Отвечает: «Работаю на китайского дядю, вот нашел 3 вагона леса, еще надо 7 вагонов до конца недели». «А закон?» «Все в порядке – Российско-Китайская фирма». К сожалению – в настоящее время ситуация именно такая. Но надеемся, что это временное явление,   после «перестройки» мы постепенно возвращаемся к решению актуальных проблем лесного хозяйства, в том числе касающихся, и сохранения ценного генофонда лесных пород. Постановлением Правительства (от 12.03.14, № 27-ФЗ) все объекты единого генетико-селекционного комплекса переданы из федерального управления в ведение субъектов РФ. Как должно развиваться селекционное семеноводство в новых условиях управления лесным хозяйством – вопрос остается открытым.

Реализация научных исследований в производственных условиях – это особая наука, где больше вопросов, чем ответов. В этом плане представляет интерес выступление учредителя ООО «Томскселекция» Г.Н. Чернова. Он имел опыт в частном порядке выращивать селекционный посадочный материал за счет финансирования из федерального бюджета (госзаказа). (Сборник - «Опыт создания и проблемы развития единого генетико-селекционного комплекса (ЕГСК) в Сибири», Новосибирск, 2008).

Некоторые фрагменты из его выступления.

«Двойная смена политического строя в России в 20 веке обусловила многократное изменение схем управления потреблением и восстановлением природных и, в частности, лесных ресурсов. В этих условиях основной состав кадров лесной отрасли привык работать самостоятельно и самоотверженно в любых организационных схемах, не только вырубая, но и спасая и восстанавливая лес доступными средствами, отстраняясь от политической и административной возни. Очередное потрясение, вызванное новым Лесным Кодексом 2006 года и чисто российским порядком его введения в действие, стало индикатором поведения и отношения к проблемам леса многих специалистов лесного хозяйства…

Насколько мне известно, судьба лесной селекции не проще сельскохозяйственной. Причины ликвидации летом 2006 года Сибирской лесной селекционной лаборатории НИИЛГиС, которой исполнилось 35 лет, а сфера деятельности простиралась от Омска до Дальнего Востока, можно объяснить только общим требованием перемен с непременным разрушением и новым организационным строительством…

Что касается лесной селекции, думаю, что в пределах и условиях современной экономики для этой деятельности должно быть выделено приличествующее ей место, предыдущие результаты не потерялись, а кадры пока сохранились.

Организация лесного хозяйства в направлении получения максимальной выгоды при минимальных затратах на ограниченной территории взятого в аренду лесного массива, даже весьма обширной площади, неминуемо ведут к сокращению цикла периодической рубки, как цикла возврата вложенных средств. Возложение функций полного хозяйствования на лесопользователя-арендатора в условиях наработки опыта и регламентов контроля также не подвигнет его на добросовестное исполнение обязанностей по лесовосстановлению. И во всех инстанциях, решающих судьбу лесного фонда, задачи лесной селекции отступили на самый задний план и не упоминаются, как не способствующие исполнению принципа хозяйственной целесообразности лесопользования. При том, что это целая подотрасль лесного хозяйства с ценнейшей генетико-селекционной базой – питомники, лесосеменные плантации, маточники и клоновые архивы, лесные генетические резерваты и, ожидаемые в ближайшей перспективе, объекты повышенной генетической ценности.

Понятие «научный» до сих пор означает «государственный» и потому «официальный», имеющий доверие и определенные права, делегированные ранее государством. Само же понятие «научная организация» нигде не прописано, а потому такая организация может быть создана в любой форме собственности и с любыми источниками финансирования. Для деятельности могут быть выбраны, как малобюджетные работы, выполняемые с помощью линейки и блокнота, так и фундаментальные исследования, требующие собственного дорогостоящего оборудования в кооперации с НИИ.

Возможные направления деятельности частной структуры, ведущей научную и производственную работу по лесной селекции, выглядят так:

- создание питомников по выращиванию селекционного посадочного материала, как за счет госзаказа, так и за счет собственных средств от реализации продукции;

- содержание и уход за объектами ЕГСК по госзаказу;

- участие в выведении и реализации высокоурожайных, скороспелых и декоративных форм древесных пород;

- создание и содержание генных банков путем сбора крупных коллекций клонов плюсовых и элитных деревьев основных лесообразующих пород по госзаказу, а также за счет грантов и премий.

Перечисленные функции предполагают использование научного потенциала согласно Федеральному закону Российской Федерации от 17 декабря 1997 года № 149-ФЗ "О семеноводстве", а производственную деятельность в качестве арендатора, но на льготных условиях как научная структура. Серьезной задачей общероссийской значимости является в ходе формирования национальной лесной политики придать особую значимость проблемам сохранении лесного генофонда».

В замен ликвидированых научных и производственных учреждений, занимающихся развитием лесного селекционного семеноводства, необходимо создавать новые подразделения науки и практики, с целью сохранения ценного лесного генофонда.

Прежде всего, следует восстановить научное сопровождение создания объектов единого генетико-селекционного комплекса. Возвращаться к прежней структуре – нереально. Один из предлагаемых вариантов.

Федеральное агентство Рослесхоз приняло решение о создании сети лесных селекционно-семеноводческих центров (ЛССЦ) в рамках соглашений с органами государственной власти субъектов РФ. Решение Рослесхоза от 5 ноября 2009 года.

В решении указывается, что «функции селекционно-семеноводческого центра:- выполнение комплекса работ по созданию объектов единого генетико-селекционного комплекса, включая лесосеменные плантации для производства семян с улучшенными наследственными свойствами;»

Если в таком центре создать научный селекционный отдел, хотя бы из 5 человек и возложить на него функции региональной лаборатории бывшего Центрального научно-исследовательского института лесной генетики и селекции (ЦНИИЛГиС (см. введение). То это первичное научное звено, которое бы в некоторой мере выполняло бы работы регионального подразделения головного Института, вошло бы в уже готовое производственное помещение, с конкретной селекционной базой – объектом исследований, ее ресурсами, а, главное, с готовым техническим оснащением. Понятно, все это должно быть отражено в специальном положении.

Научное учреждение более высоко ранга, которому бы подчинялись научные отделы селекционных центров, это, конечно, отраслевое НИИ, фактически для этого достаточно дать развитие НИИЛГиС, имеющего более чем 40-летний опыт работы в этом направлении. (в 70-80-х годах в нем работали 350 человек, сейчас -30).

Первоочередная задача научного отдела – оценка состояния имеющихся селекционно-семеноводческих объектов и расчет на перспективу объемов получения улучшенных семян. На этой основе расчет финансовых расходов на восстановление утраченной отрасли.

Предлагаемый вариант научного контроля, с научной точки зрения, эффективен, потому что объектом исследования являются конкретные производственные объекты, и не требует вложения больших финансовых затрат.

Без обеспечения научного сопровождения развитие селекционного семеноводства - получение улучшенных или сортовых семян исключается.

Заключение

Охрана ценного генофонда лесных пород на фоне изменения климата, а так же техногенного воздействия человека на сложившееся биологическое равновесие в природе, несомненно, имеет планетарное значение для выживания современной цивилизации.

Селекция ценного генофонда лесных пород заключается в отборе и размножении лучших деревьев и насаждений, сформировавшихся в процессе эволюции через многие поколения. До сих пор это было потребительское направление – одна из главных целей: увеличение роста качественной древесины. На современном этапе селекцию лесных пород необходимо развивать на экологическую значимость, в первую очередь, на биологическую продуктивность и устойчивость в экстремальных условиях. Как отмечалось выше, на планете ежегодно исчезают около 17 млн. гектаров леса, ежегодно в мире уничтожается 36 тысяч видов диких растений. Поэтому селекция должна быть одним из главных направлений сохранения лесов – как «легких планеты», среды обитания человека.

Научно-производственный опыт использования плюсовой селекции в лесном хозяйстве, не смотря на различные, часто противоречивые взгляды, подтверждает ее положительный эффект. По обобщенным данным (30,32) селекционный эффект может быть достигнут 15%. В мировой практике иные, лучшие методы для широкого повсеместного использования для отбора ценного генофонда лесных пород пока не предложены. «Синтетическая селекция» основанная на получении новых форм путем биотехнологии: мутагенеза, полиплоидии, генетической инженерии и пр. – еще на уровне экспериментов, и в производственных условиях практически не используется (9,30).Именно плюсовая селекция должна быть принята за основу в развитии нового направления лесной селекции на экологическую значимость лесных пород.

Первоочередные задачи сохранения и использования ценного лесного генофонда в Сибири и возможные пути их решения следующие.

1.Создание научного сопровождения развития лесного селекционного семеноводства. Один из вариантов – организация научных отделов в региональных селекционно-семеноводческих центрах и подчинение их деятельности ведомственному НИИ лесной генетики и селекции (НИИЛГиС).

2. Совершенствование действующих директивных указаний по селекционному семеноводству. Предусмотреть повсеместную генетическую паспортизацию всех селекционных объектов. Особое внимание уделить на разработку новой методики по созданию испытательных культур всех объектов ЕГСК, используя оценку потомства на первых этапах подготовки селекционного посадочного материала, до юношеского возраста (30). Необходимо дальнейшее совершенствование групповой (популяционной) селекции (понятие, границы).

3. Разработать новые директивные указания по лесной селекции на экологическую значимость лесных пород. В порядке примера можно использовать рекомендации по кедру сибирскому, приводимые в данной работе.

4. Необходима разработка общей федеральной программы развития лесного селекционного семеноводства до 2020 года и на дальнейшую перспективу сроком 50 лет. А на ее основе составление региональных рекомендаций с учетом интенсивности ведения лесного хозяйства в том, или ином субъекте.

Список используемых источников

1. Авров Ф.Д., Воробьев В.Н. Проблемы и перспективы лесовосстановления и лесного семеноводства. «Лесное хозяйство». 1992 №5. С. 39-41.

2. Авров Ф.Д. Генетическая устойчивость лесов.// Лесное хозяйство. №3. 2001. С. 46-47.

3. Алексеев Ю.Б. Рекомендации по формированию ПЛСУ кедра высокой семенной продуктивности в Западной Сибири. НИИЛГиС . Воронеж. 1984. 16 с.

4. Бех И.А., Воробьев В.Н. Потенциальные кедровники. Проблемы кедра. Выпуск 6. 1998.Томск.

5. Видягин А.И. Плюсовая селекция сосны и ели: итоги и перспективы развития. Лесохозяйственная информация. № 3-4. 2008. с. 33-35.

6. Воспроизводство лесов: состояние и перспективы. Российская лесная газета № 18-19, 2 мая 2006 г. с.6

7. Горошкевич С.Н. Структура урожая семян в таежных и припоселковых кедровниках: уровень, характер и природа различий// Лесное хозяйство. № 2. 2010. С. 30-31.

8. Горошкевич С.Н. Селекция кедра сибирского как орехоплодной породы.//Лесное хозяйство. №4. 2000. С.25-27.

9. Данченко А.М., Бех И.А. Кедровые леса Западной Сибири. Томск. 2010. 422 с.

10. Ефимов Ю.П. Семенные плантации в селекции и семеноводстве сосны обыкновенной. Воронеж. Истоки. 2010. 252 с.

11. Кулаков В.Е. Отбор плюсовых деревьев кедра сибирского по семеношению в южном Приобье. «Лесное хозяйство» № 11. 1985. с. 43-45.

12. Кулаков В.Е. Формирование ПЛСУ кедра сибирского на базе естественного подроста с использованием методов селекции. // Лесное хозяйство. №5. 2004. с. 29-30.

13. Кулаков В.Е. Отбор плюсовых деревьев кедра сибирского по семенной продуктивности. «Лесное хозяйство» № 1. 2008. с. 35-36

14. Кулаков В.Е., Багавеев Р.Н. Оценка состояния ПЛСБ в Сибири и повышение ее селекционной ценности. Лесное хозяйство. №3. 2001. с. 41

15. Кулаков В.Е., Пинаев В.В. и др. Оценка состояния плюсовых деревьев кедра сибирского в Томской области. // Лесное хозяйство. №1, 2004. С. 34-35.

16. Кулаков В.Е. Методика отбора плюсовых насаждений кедра сибирского по общей продуктивности (для ОПП). Воронеж. 2000.- 10 с.

17. Кулаков В.Е. Создание лесосеменных плантаций на базе испытательных культур. // «Лесное хозяйство» №12. 1986. с. 26-28

18. Кострикин В.А., Ефимов Ю.П. Итоги работы НИИЛГиС за 30 лет и перспективы дальнейших исследований. Сб. Лесная генетика и селекция на рубеже тысячелетий. Воронеж- 2002. с. 3-20

19. Лесная Россия. Лесное семеноводство. №9, 2008. 48 с.

20. Методика отбора плюсовых деревьев кедра сибирского по семенной продуктивности. М. 1980. 22 с.

21. Методика отбора плюсовых насаждений кедра сибирского по общей продуктивности (для ОПП). - Воронеж. 2000. 10 с.

22. Некрасова Т.П. Биологические основы семеношения кедра сибирского. Изд-во «Наука» СО. Новосибирск. 1972. 176 с.

23. Основные положения по лесному семеноводству в СССР. М. 1976. 33с.

24. Основные положения по лесному семеноводству в Российской Федерации. М. 1994. 32с.

25. Отбор плюсовых деревьев и насаждений. М. 1974. 52 с.

26. Петров С.А. Принципы генетической оценки плюсовых деревьев //Лесное хозяйство. 1978. №1. С. 103-105

27. Поликарпов Н.П., Семечкин И.В. Особенности формирования кедровников / Кедровые леса Сибири. Новосибирск. 1985 с. 49-60

28. Политов Д.В. Применение молекулярных маркеров в лесном хозяйстве для идентификации инвентаризации и оценки генетического разнообразия лесных ресурсов. Лесохозяйственная информация. № 3-4. 2008 с.24-27.

29. Рекомендации по отбору плюсовых деревьев кедра сибирского на семенную продуктивность. М. 1991. 22с.

30. Рогозин М.В. Селекция сосны обыкновенной для плантационного выращивания: монография / М. В. Рогозин; Перм. гос. нац. исслед. ун-т. – Пермь, 2013. – 200 с.

31. Семериков Л.Ф., Исаков Ю.Н., Тараканов В.В. и др. О генетико-селекционном аспекте сохранения и улучшения лесов России. Лесохозяйственная информация 1998 №9-10.

32. Тараканов В. В., Демиденко В.П., Ишутин Я.Н., Бушков Н.Т. Селекционное семеноводство сосны обыкновенной в Сибири// Новосибирск. «Наука» 2001. 230 с.

33. Титов Е.В. Выделение сортов-клонов по семенной продуктивности у кедра сибирского// лесное хозяйство. №5. 2008. С. 31-33.

34. Титов Е.В. Орехоплодовые плантации кедровых сосен//Лесное хозяйство. №1. 2001. С. 36-37.

35. Указания по лесному семеноводству в Российской Федерации. М. 2000. 198 с.47

36. Указания о порядке отбора и учета плюсовых деревьев и насаждений, постоянных лесосеменных участков и плантаций в лесном хозяйстве М. 1973. 32с.3